CONTENTS

サラブレッドの伝説

1958年9月、クワトロルオーテが初めて356をテストしたとき、ポルシェ社は設立10年目を迎えたばかりだった。その将来は堅実さより希望に満ちていた。

この本はパッション・オート・クワトロルオーテ・シリーズの4作目にあたる。その進化や開発、工場での出来事を追いながら、世に送り出されたモデルを通してポルシェの歴史を眺めたものだ。もちろん、2万3000回にも及ぶレースでの勝利を忘れるわけにはいかない。ポルシェのレース活動については一冊の本が作れるほどだが、この本ではその活躍シーンだけをお見せしよう。

マウロ・テデスキーニ
クワトロルオーテ編集長

ポルシェ以前のポルシェ 1875～1948

電気を愛する
1935年、VWのプロジェクトを行なっていた頃のプロフェッサー・フェルディナント・ポルシェ。彼の設計者としてのキャリアは、すでに何年も前にオーストリアでスタートしていた。左の写真は、1900年、ローナー・ポルシェに座るポルシェ。このクルマは左右前輪のハブ内に電気モーターを装着したものだった。右の写真は1900年にパリ国際博覧会に出品されたときのもの。フロントに電気エンジンを搭載したこのクルマは50km/hまで出すことができた。

フェルディナント・ポルシェは、1875年9月3日、マフェルスドルフに生まれた（現在のチェコ共和国のヴラティスラヴァにあたる）。自動車と共に生まれたと言っても過言ではないだろう。実際、かのカール・ベンツが、ドイツはシュトゥットガルトでスチール製のシャシーと954cc、単気筒のエンジンを備えたクルマを製作したのは、ポルシェ少年が11歳のときであった。

フェルディナントはアントン・ポルシェが授かった5人の子供の3番目で、父親は水道関係の会社の主任だった。アントンは、ゆくゆくはフェルディナントに自分の跡を継がせたいと考えていたが、息子が興味を持っていたのは他の分野だった。はや14歳でフェルディナントは電気エネルギーの実験を始める。これは両親には納得できぬことで、ある時期、このような“くだらないこと”に関わることを禁止したほどだった。これに対してフェルディナントは秘密の実験室を造り、両親に邪魔されることなく実験を続けたのだった。

1893年、父親の会社での見習い期間と学業とが終わると、彼はウィーンにある電気関係の会社、ベラ・エガー（後のブラウン・ボヴェリ）に入社する。この頃のフェルディナント・ポルシェは電気の面白さに魅了されていた。実際、溢れんばかりの才能を備えていたのだろう、わずか数年で一介の工員から中央研究所の責任者に抜擢されている。

新しいプロジェクトを任された彼は、1897年、左右前輪のハブ内に電気モーターを装着したエンジンを製作、時期を同じくして、ウィーンのホワーゲンファヴリック・ヤコブ・ローナー社に移る。この会社に誕生したばかりの「電気自動車部門」で仕事を始めたのだが、わずか3年後の1900年、パリの国際博覧

ウイナー・プロジェクト
この時代、もっとも重要なコンペティションのひとつ、「プリンツ・ハインリヒ・トライアル」にカーナンバー51、自ら設計したオーストロ・ダイムラーで参加したフェルディナント・ポルシェは、1910年の大会で見事優勝を果たした。2位はエデュアード・フィッシャーが駆ったもう1台のオーストロ・ダイムラー（カーナンバー46）であった。

小さくとも速い

1922年、シチリアのタルガ・フローリオに参加したオーストロ・ダイムラーの“ザッシャ”。設計はフェルディナント・ポルシェ（車体に描かれた6の数字の後ろ側）。ステアリングを握ったのは、のちにダイムラー・ベンツのスポーツ部門のディレクターとなったアルフレード・ノイバウアー。レース中のこのクルマの平均時速は、ザッシャより4倍のパワーを持つクルマに比して8km/h劣る程度の、素晴らしいものであった。

代替わり
1922年にザッシャ（下の写真で当時12歳のフェリーの姿が見える）が巻き起こした旋風から2年後、フェルディナントはダイムラー・モトーレンのテクニカル・ディレクターとしてタルガ・フローリオに参加。左の写真は、腕に腕章を巻いてメルセデス2ℓスーパーチャージャーの横に立つポルシェ。一番下の写真は、1920年のクリスマスに父親から贈られたミニチュアのクルマで遊ぶフェリー。1930年代に彼は父親が興した会社に入る。

会で、電気で駆動する革新的な自動車“ローナー・ポルシェ”を出品した。

自分のプロジェクトをレースでも試してみようと考えた若きポルシェは、この年、ウィーン近くのセメリングで行なわれた競技会に参加、見事に優勝を果たす。1902年にはフェルディナントが製作したクルマに乗るフランチェスコ・フェルディナント大公の運転手を、軍服を着た彼が務めた。

1903年、フェルディナントはアロイージャ・ヨハンナ・ケーズと結婚、ふたりの子供に恵まれた。娘の名はルイーゼ、息子はフェルディナント・アントン・エルンスト、愛称“フェリー”である。

ローナーに移って8年後の1906年、フェルディナントはヴィエネー・ノイシュタッドにあるオーストロ・ダイムラー社のテクニカル・ディレクターに就任。4年後には同社で自ら製作したクルマが「プリンツ・ハインリヒ・トライアル」に出場し、優勝する。ステアリングを握ったのはポルシェ自身だった。このレースは当時、非常にポピュラーだった

ジェネレーション

右下：1937年、30台製作されたフォルクスワーゲンのプロトタイプの横に立つフェルディナント・ポルシェ。

右：父親を早い時期から助けたフェリーと共に。

左下：フォルクスワーゲンのプロトタイプV2に、夫人と友人と共に乗るフェルディナント。

ツーリングカーのレースで、毎年、コースが変わることでも知られていた。1910年のコースは、ベルリンからマグデブルグ、ブラウンシュヴァイグ、カッセル、ヴェルツブルグ、ニューレンベルグ、シュトゥットガルト、トゥストラスブルグ、トゥリエールを通ってバド・ホンブルグまで1495kmに及んだのだが、自ら製作した新しいエアロダイナミクスに富んだスリムなクルマで出場したフェルディナントは、途中140km/hの速度を記録したのだった。

この時期、彼はハイパフォーマンスな航空エンジンから、ハイブリッド・エンジンまで、さまざまなものを手掛けたのだが、7年後、彼の履歴書にはオーストロ・ダイムラー社のジェネラル・ディレクターの文字が並んだ。

1922年、ポルシェは1.1ℓ、4気筒のコンペティション用のスモールカー“ザッシャ”を発表。ザッシャはシチリアで開催される、かのタルガ・フローリオに出場、1位と2位に輝いたのだが、翌日、ガゼッタ・スポーツ新聞

にこんなコメントが掲載された。
「4気筒の、当然、最も小さいクラスになるわけだが、このクルマがこんなスピードと信頼性を見せるなんて、昨日まで誰が想像しただろうか」

1923年、ポルシェはシュトゥットガルトのダイムラー・モトーレン・ゲゼルシャフトに、メルセデス・スーパーチャージャー担当のテクニカル部門を統率する重役として迎えられる。さっそく開発に従事した結果、このメルセデスは翌年のタルガ・フローリオで1位を獲得。これを受けて、シュトゥットガルトのテクノロジー協会はポルシェに対して名誉学位を授与した。フェルディナント・ポルシェ工学博士が設計したメルセデス・ベンツのS/SS/SSKは“スポーティ”と同義語となり、コンペティションといえばこのクルマと言われるようになったのだった。

1920年代の終わり、ポルシェはダイムラーを離れ、オーストリアのシュタイア社に主任設計者として入るのだが、しかし1年後にはここも離れることとなり、そしていよいよその時が来る——。1931年4月23日、彼は車両エンジンの設計とコンサルタントを行なう自身のスタジオ「Dr. Ing. h. c. F. Porsche GmbH Konstruktionen und Beratung für Motoren und Fahrzeuge」を立ち上げたのである。

開設から数ヵ月後の1931年8年10日、フェルディナント・ポルシェ・スタジオはトーシ

フォーミュラ750
1936年、アウト・ウニオンのPヴァーゲンのスーパーチャージャー付き16気筒のエンジン（のちのポルシェ・タイプ22）を眺めるフェルディナント・ポルシェ。レースの新しいレギュレーションは車重750kg以下という一点を除けば、天才設計者になんの制約をも与えることはなかった。

独立

1931年、フェルディナント・ポルシェはシュトゥットガルトのクローネンシュトラーセ24番地にエンジンと車両の設計とコンサルタントを行なう自身のスタジオを設立（上）。会社は4月、「Dr. Ing. h. c. Ferdinand Porsche GmbH, Konstruktionen und Beratimg für Motoren und Fahrzeuge」と登記された。1932年末、同じ場所にポルシェは「Hochleistung-Fahrzeug-Bau GmbH」というタイプ22（アウト・ウニオンPヴァーゲン）のプロジェクトのための会社を設立した。

ョンバーで特許を取得。その1年後には、アウト・ウニオンからGPレーサーのデザインを依頼される。これはGPの車両重量に関する新規格「750kg」向けの16気筒のシングルシーターで、出来上がったクルマはポルシェを意味するPの文字を入れたアウト・ウニオンPヴァーゲンと名づけられた。Pヴァーゲンはハンス・シュトウックとベルント・ローゼマイヤーによって64レース中32レースを制覇、世界記録を樹立した。

このような輝かしい記録を作りながらも、工学博士フェルディナント・ポルシェは、オーストロ・ダイムラーやダイムラー・ベンツの時代から抱いていた、実用車を造る構想を捨てることはなかった。彼が目指していたのは、日常において使えるクルマで、当時、街を走っていたセダンより小さいもの――。

1934年6月22日、ポルシェはドイツ自動車工業会（Reichsverband der Automobilindustrie）と契約を交わす。内容はフォルクスワーゲンのプロジェクトの依頼だった。このプロジェクトがプロトタイプとして形を成したのは1938年のことである。

第二次世界大戦が勃発する直前、フェルディナント・ポルシェはフォルクスワーゲン社の最高責任者のひとりとなったが、このときVW車は軍用四輪駆動車と水陸両用車開発のベース車両とされていた。1940年、工学博士フェルディナント・ポルシェの肩書に、新たに「教授」が加わる。第二次世界大戦の間、彼のスタジオではタンク・マウスやオストラッドのトラクター、風力発電機などが設計された。

1944年、フェルディナントはオーストリアのグミュントに移ったのだが、翌年終わりごろ、敗戦とともに連合軍に身柄を拘束される。フランスに移送され、22ヵ月にわたって拘禁されたのだが、戻った彼が目にしたのはGPカー、チシタリアであった。

このクルマはピエロ・デュシオが注文したもので、父親に代わってスタジオを統率していた息子、フェリーによって設計された。

「私が彼でも、何から何までまったく同じように設計しただろう」、フェルディナントはこう述べている。

1951年6月30日、プロフェッサー・フェルディナント・ポルシェが亡くなったとき、“ス

ツッフェンハウゼン
空襲で焼ける前のツッフェンハウゼンのオフィス。1938年。空襲後、オフィスはオーストリアのグミュントに移ることを余儀なくされた。

ポーツカー”ポルシェはすでに現実のものであり、すでにフェリー・ポルシェがスタジオを任されてから12年の月日が流れていた。

フェルディナント・アントン・エルンスト・ポルシェは1909年9月19日に生まれた。オーストロ・ダイムラーでテクニカル・ディレクターを務めていた父親が、セメリングのタイムトライアルを制覇したその日に誕生。姉のルイーゼが5歳のときのことである。

1931年、フェルディナントが自らのスタジオを立ち上げたとき、フェリーも協力者のひとりに名前を連ねた。学業を終えた彼はシュトゥットガルトのボッシュで1年の研修を行ない、自動車のプロに育っていた。

1932年にはフェリーはすでに品質管理とプロジェクト業務の調整、さらにアウト・ウニオンのような大切なクライアントとの交渉を任されるようになった。1934年にスタジオ・ポルシェがドイツ自動車工業協会からフォルクスワーゲンのプロジェクトを依頼されたとき、フェリーは路上テストを中心とした実験と改良を担当する部署を統括。さらにポルシェ教授がウォルフスブルグのフォルクスワーゲン工場の実現に奔走した1938年には、シュトゥットガルト近郊、ツッフェンハウゼンにあるファミリー・カンパニーの管理を任されたのだが、オーストリアのグミュントに設計部門が移転したあともここに残った。父親がフランスに拘禁されると、フェリーは当時、唯一残っていた会社の舵取りをすべく、グミュントに向かったのだった。

エンジニアのカール・ラーベ、ボディ担当のエルヴィン・コメンダと共にVWのクルマをベースにしたスポーツカーを生産すること、これがフェリーの新たな目標となった。こうして、16年前に父親によって設立されたデザイン・コンサルタント会社は、自動車メーカーに生まれ変わることになったのである。

1947年6月17日、フォルクスワーゲンのスポーツタイプ、プロジェクト・ナンバー356-00-105、2シーターが生まれる。1948年3月、ポルシェ・ナンバーワンの路上テストが始まったのだった。

オフロード
1942年のポルシェ・タイプ166シュヴィルヴァーゲン(水陸両用車)。折り畳み式のスクリューが水中走行を可能にした。フロントのタイアが舵を取る。1942年から1944年にかけて数多く生産されたタイプ166は、この時代、もっとも優れたオフロードカーであったといえる。

家族の肖像
父と息子、ふたりのポルシェとデザイナー、エルヴィン・コメンダ。クルマは最初のポルシェ。オーストリアのカリンツァ地方、グミュントにて。1948年。

356 1948～1955

ポルシェの名前をボンネットに刻んだ最初のクルマは、ポルシェ・スポーツ356/1、シャシーナンバーは356.001、スタジオ・ポルシェが実現した349台（最初のプロジェクトが7に指定されたため、356台ではなく349台）の最初のプロトタイプ（001）である。

クルマは2シーターで、チューブのスペース・フレーム・シャシーにアルミ製のボディを着せ、エンジンをミドシップに搭載する。全長3.86m、全幅1.67m、車高はわずか1.25m、ホイールベース2.15m、車重585kgというディメンションのクルマである。エンジンはフォルクスワーゲンのタイプ369を使用、すなわち1131ccの空冷水平対向4気筒で、最高出力は35ps／4000rpmだった。ギアは4段である。

フェリー・ポルシェは、クルマが期待以上の出来で、山道で130km/hにたやすく達することに狂喜した。マスコミの評価も満足のいくもので、スポーツカーのヒット作と評されるようになるのに時間はかからなかった。フェリーのいとこであるヘルベルト・カエスは、1948年7月、インスブルクの街のサーキットで行なわれたレースでクラス優勝を果たしている。

この時期、グミュントではポルシェのプロジェクト・チームが356/2の開発を始めていた。フェリー・ポルシェと仲間たちは、356に採用されたシャシーはコストがかかりすぎると考え、またエンジンの搭載位置がトランクを犠牲にすることを問題視していた。これがフォルクスワーゲン同様、スチール・フレーム・ボックス・シャシー、リア・エンジンを持つクローズド・ボディのクーペの開発へと導いた。これらを実現することによって生産コストが下がり、フロントシートの後ろにラゲッジスペースを確保できるだけでなく、このシャシーはボディを軽量ながらより剛性の高いものにしてくれる計算であった。

再考
左下と中央下のポルシェ・ナンバーワンと、右下の生産モデルとは、シャシーとエンジンのタイプが異なっている。

右下：空力実験中の写真。右上は初期のポルシェのカタログ。

メイド・イン・ジャーマニー
ドイツで生産された初期の356クーペ。1951年からはエンジンが1086ccと1286ccの2タイプとなった。

テクニカルデータ

356 1100クーペ (1951)

【エンジン】＊形式：水平対向4気筒／リア縦置き ＊ボア×ストローク：73.5×64.0mm ＊総排気量：1086cc ＊最高出力：40ps／4000rpm ＊圧縮比：7.0：1 ＊タイミングシステム：OHV／2バルブ ＊燃料供給：ツイン・キャブレター，ソレックス32PB1

【駆動系統】＊駆動方式：RWD ＊クラッチ：乾式単板 ＊変速機：4段 ＊タイア：5.00-16 ＊ホイール：（前）3.00D-16（後）3.25D-16

【シャシー／ボディ】＊形式：スチール・フレーム・ボックス・シャシー／2ドア・クーペ ＊乗車定員：2名 ＊サスペンション：（前）独立 トレーリングアーム／横置きトーションバー，油圧式ダンパー （後）独立 セミトレーリングアーム／トーションバー，油圧式ダンパー ＊ブレーキ：ドラム ＊ステアリング：ウォーム・ローラー

【寸法／重量】＊全長×全幅×全高：3850×1660×1300mm ＊ホイールベース：2100mm ＊トレッド：（前）1290mm（後）1250mm ＊車重：770kg

【性能】＊最高速度：140km/h

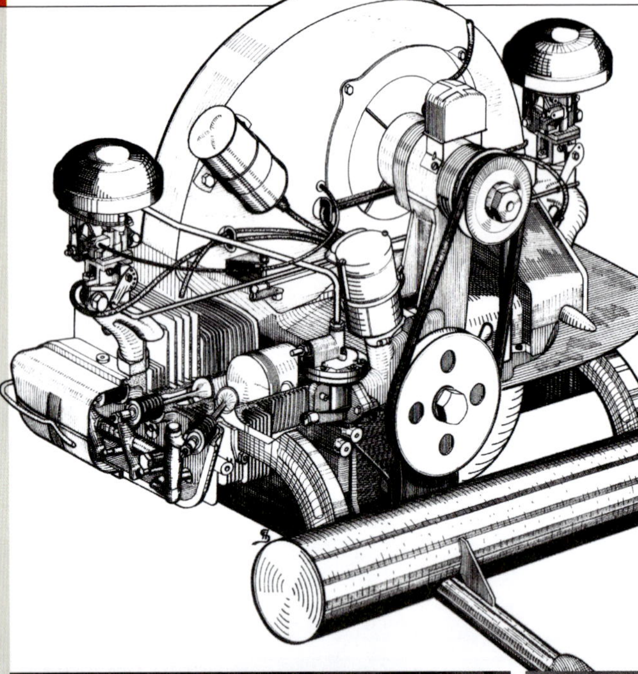

少なくなった排気量

1131ccエンジンは1100のクラスに収めるため1086ccにスケールダウンされた。

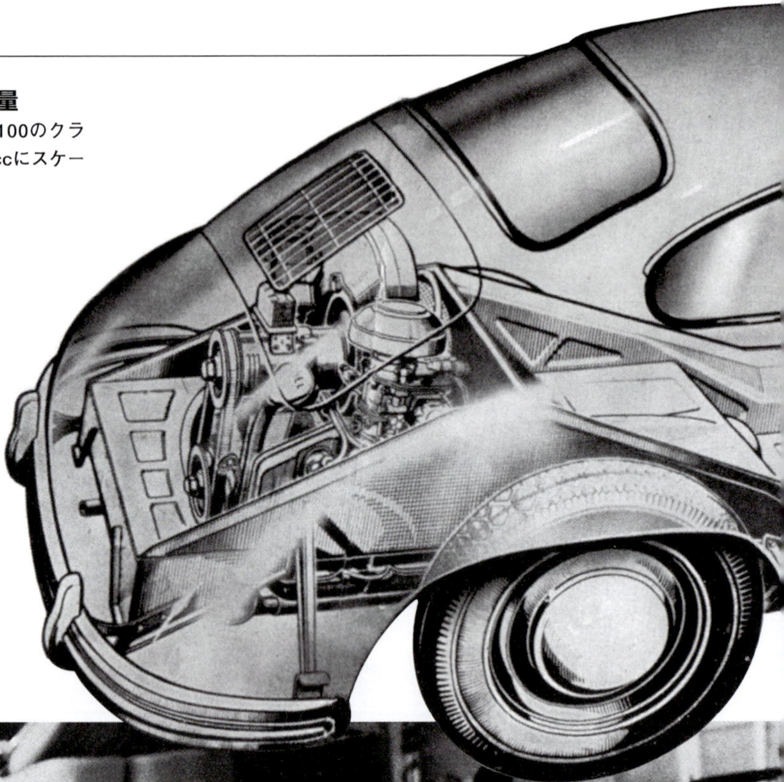

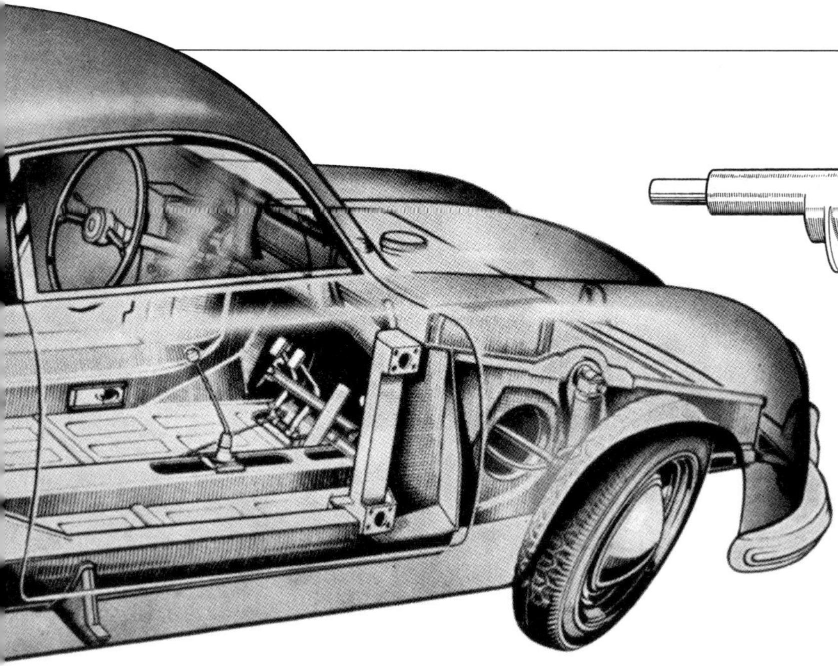

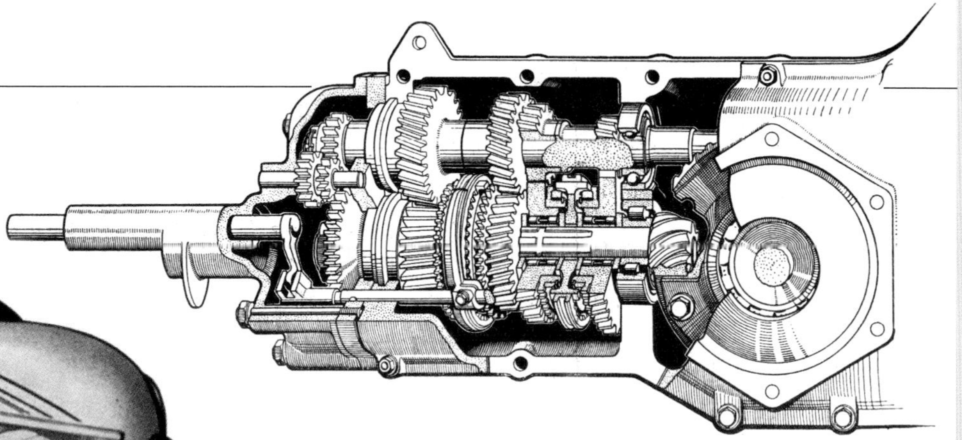

時代にあわせて

1952年の356透視図。ギア・レバーやバンパーの形状がモディファイされたこのモデルは、シンクロメッシュ・ギアボックスを搭載していた。

工場にて

356のエンジンを点検するフェルディナントとフェリー。前ページの写真はシュットゥットガルトの工場風景。1950年当時、ポルシェの工員は年間平均8.5台のポルシェを製作した。ポルシェの工員は60人ほどだったが、ほかにコーチビルダーのロイターがボディ製作を行なった。

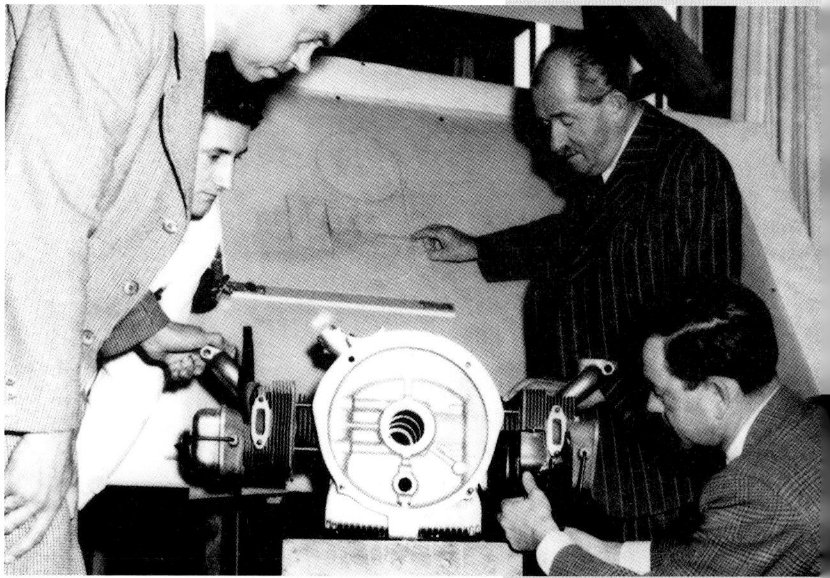

1948年春、チューリッヒの自動車業者と手を結び、材料の調達を確実なものにした。しかしグミュントでは、この合意にもかかわらず、すべてが不足し、356の生産は大変な遅れをみせていた。翌年の冬になってようやく、ポルシェ356はわずかにスピードを上げて生産ラインから出てくるようになった。

ポルシェのアイデアは2バージョンのボディタイプ、つまりクーペとカブリオレの356を生産することだった。しかし初期には、グミュントの工場ではクーペしか生産できなかったため、カブリオレのボディ製作をスイスのボイトラーに依頼、シャシーを送ることを決定した。

初の356/2カブリオレは、356クーペと共に出品を予定していた1949年3月17日のジュネーヴ・ショー開幕に合わせて製作された。これが自動車メーカー、ポルシェにとって初めて

オープン
初期の356のオープン・モデルはスイスのコーチビルダーで生産された。

右：ロイターが生産したカブリオレ。

下：1953年モデルの356クーペ。バンパーがボディから分離されるなど、さまざまな改良が施された。

の国際舞台への登場だったのだが、クルマはどちらも熱狂的な賞賛を受けることになった。

グミュントにおいてゆっくりとしたペースで356の生産が進むなか、1949年夏、ポルシェはシュトゥットガルトにあるコーチビルダー、ロイターの施設を借りて生産を行なうことを決定する。ツッフェンハウゼンの工場がアメリカの管理下から外れるには、まだ1年ほどかかるであろうことが判明したため、間借りを決めたのだった。

この決定の1年前、フェリー・ポルシェとハインリヒ・ノルドホフの間である契約が交わされている。それは、フォルクスワーゲンはポルシェにパーツの供給を行なうこと、加えてポルシェはフォルクスワーゲンの販売、およびサービス網を利用することができる（契約は1974年まで効力をもった）というもので、1950年代初めに実行に移された。

グミュントでのクルマの生産は1951年3月20日をもって終了。このオーストリアの工場ではアルミ製ボディの、60台弱の356が生産された。

カリンツァの施設の収益はおよそプラスマイナスゼロ、ツッフェンハウゼンでの356のシリーズ生産については黒字が見込まれた。1949年11月、ポルシェはロイターに500台のスチール製ボディの生産を委託する。ドイツでのポルシェの生産数（スチール製ボディ）はオーストリアでのそれ（アルミ製）に迫る勢いであった。

1950年3月、シュトゥットガルト産の初のポルシェが完成。ライトグレーのクーペはポルシェ教授個人のものとなった。1951年6月30日に彼が亡くなると、「レブリレロ（＝グレーハウンド）」というニックネームを持つこのグレーの356は、翌年の夏に路上事故で大きなダメージを受けるまで実験に用いられた。事故のとき、運転していたのはテストドライバーのロルフ・ヴィーテリッヒだった。彼はスクラップ同然のクルマから無傷で脱出したのだが、数年後に再びポルシェ550スパイダーでジェームス・ディーンが命を落としたところと同じコーナーで事故に遭遇している。このときも命は無事であった。

初期のポルシェは演劇界、映画界、そして経済界に身を置くいわゆる有名人が購入したことでますます販売を伸ばしたが、信頼性の高いスポーツカーという評判を呼ぶのに貢献したのは、やはりレースでの成功であった。1950年から個人のドライバーがポルシェで挑戦を始め、翌51年には、ポルシェはわずかに

スポーティ・シンボル
1953年にデリバリーされたポルシェから、エンブレムが装着されるようになった。ホーン・ボタンの中央に嵌め込まれたそれは、シュトゥットガルト（跳ね馬）とバーデン・ヴュルテンブルク州の紋章が描かれている。
1954年、アメリカのインポーターであるマックス・ホフマンのアドバイスによって356スピードスター（上）がデビュー。カブリオレのrリアウィンドーが大きくなったタイプは1953年4月から登場した（下）。

控えめな天才
フェルディナント・アントン・エルンスト・ポルシェは、1909年9月19日、オーストリアで生まれた。早くから父親を助けた彼が正式にスタジオ入りしたのは1931年のことだった。1965年に名誉博士となり、1984年にはプロフェッサーの称号を授与される。1998年3月27日、オーストリアで亡くなった。

改良しただけのクルマで、コンペティションでのオフィシャル・デビューを果たした。

フランスのポルシェのインポーター、アウグスト・ヴュイレ——彼はブルーのポルシェ356クーペのたいへんな信奉者だった——は1950年のパリ・サロンで、翌年のルマン24時間耐久レースに出場するようフェルディナントを口説く。クルマの名声を広め、プレステージを高めるのにこれ以上の機会はないと説得したのである。1年後、ヴュイレ／ムーシュ組が駆った1100ccの356はルマンでクラス優勝、彼の予測どおり、ポルシェの名前は世界中に広まることになった。

1952年の終わりには、販売店と顧客のリクエストによって、シュトゥットガルトとバーデン・ヴュルテンブルク州の紋章を備えたエンブレムが生まれたのだが、これは現在に至るまで続いている。

アメリカ向けロードスター

タイプ540、2シーターのこのスパイダーはちょっとしたミステリーをはらんでいる。1952年の4月から9月までの間にわずか16台、アメリカ向けに生産されたのだ（ヨーロッパには1台だけ残った）。アルミ製のボディはノリンベルガ近郊、ヴィデンにあるカロッツェリア、エリック・ホイヤーで造られた。生産および輸送コストの計算ミスはカロッツェリアに打撃を与え、閉鎖を余儀なくされた。フェリー・ポルシェにとってもこの体験はアルミを使うボディの難しさを教えた。これがスチール製ボディに向かわせた理由のひとつだろう。

モータースポーツ　ルマン24時間耐久　1951

公式参加
1951年のルマン24時間耐久レースで、アウグスト・ヴュイレ／エドモンド・ムーシュ組が356クーペで出場し、751－1100ccクラスで優勝を果たす。車重は640kg、最大出力は70ps／5000rpm。アルミ製ボディのおかげで最高速度は162km/hに達した。

356 A 1955~1959

2タイプのエンジン

上：1950年代半ばのツッフェンハウゼンの第二工場。

右上：1956年型356Aクーペ。

左下：1958年型356Aスピードスター。

右下：1957年型356Aカブリオレ。

最初、356Aには1300ccの44psもしくは60psと、1600ccの60psもしくは75psのエンジンが用意されたが、1958年には1300の製造が終了した。そのパワーにより、356Aの最高速度は145km/h、160km/h、175km/hにまで達した。

ポルシェ・スタジオの開設25年を祝うにあたり、これ以上、素晴らしいことがあるだろうか。1956年3月16日、フェリーの末の息子、ヴォルフガング・ポルシェは、自動車メーカー・ポルシェにとって1万台目にあたるクルマを生産ラインから外に出した。356Aクーペである。

わずか数ヵ月前、ポルシェは前年の12月1日付でアメリカ軍から解放されたツッフェンハウゼンの第一工場の使用権利を再び手にしたばかりだった。この時期、70%のポルシェはドイツ以外の国で生産されていたのである。そのうちのほとんどのクルマが個人顧客によってレースに参加し、400回以上の優勝を勝ち取った。1954年からの2年間で、ポルシェ

冬用ルーフ

1958年型356Aカブリオレ・ハードトップ。タイプ2のボディが使用され、ふたりの人間で簡単に取り外しできるメタルのルーフが付いたタイプ。

テクニカルデータ

356 1500カレラ (1956)

【エンジン】＊形式：水平対向4気筒／リア縦置き ＊ボア×ストローク：85.0×66.0mm ＊総排気量：1498cc ＊最高出力：100ps／6200rpm ＊最大トルク：12.1mkg／5200rpm ＊圧縮比：9.0：1 ＊タイミングシステム：OHV／2バルブ ＊燃料供給：ツイン・キャブレター，ソレックス

【駆動系統】＊駆動方式：RWD ＊クラッチ：乾式単板 ＊変速機：4段 ＊タイア：5.90-15／スーパースポーツ

【シャシー／ボディ】＊形式：スチール・フレーム・ボックス・シャシー／クーペ（ほか、カブリオレ／ハードトップ／スピードスター） ＊乗車定員：2名 ＊サスペンション：（前）独立 横置きトーションバー，油圧式ダンパー，スタビライザー （後）独立 トーションバー，油圧式ダンパー ＊ブレーキ：ドラム ＊ステアリング：ウォーム・ローラー

【寸法／重量】＊全長×全幅×全高：3950×1670×1310mm ＊ホイールベース：2100mm ＊トレッド：（前）1306mm（後）1272mm ＊車重：865kg

【性能】＊最高速度：200km/h

制服を纏って
1956年3月1日から356Aは交通警察の一員に加わり、厳選された175人の隊員がこのクルマのステアリングを握ることになった。写真は、最初は100ps／1500cc／ダブルカムシャフト、のちに105ps／1600ccにアップした3台の356Aカレラ。左中央はカブリオレ・ハードトップ。下左はスピードスター、右はカブリオレ。いずれも1958年型。

は販売面における高いプレステージを獲得したのだった。

1955年9月に催されたフランクフルト・モーターショーに、見た目はまったく別物だが、それでも356と強く連携するポルシェ356Aが披露された。

エクステリアで最初に気づくのは、356Aの初期型T1ボディの特徴であるフロントガラスと、フラットになったドアの下部分（内側にカーブしていない）だろう。室内はダッシュボードが全面的に見直された。上面にパッドが張られ、また、3つのメーターが整然と並ぶダッシュボードには新しさが感じられる。しかし、より重要な変更点は目につかない場所にあった。

まず、シャシーとサスペンションのバランスをチューニングしたことで、ドライビングの質が向上している。そして、小さくなったタイア(ホイールは16インチから15インチに)、エンジンとギアボックスのラバー・サポートによってギアがよりスムーズになった。

356Aはエンジンのバリエーションが増え、44psの1300、60psの1300S、1500に代わる75psの1600と1600Sがラインナップした。最高峰に君臨したのは、カムシャフトを4本備えた1500GSで、馬力は100psを誇った。これは、レース用550スパイダーRSのミドシップに積まれたエンジンを譲り受けたもので、チューブのスペース・フレーム・シャシーを持ち、ボディはアルミ製であった。

100馬力

1956年型の素晴らしい356A1500カレラ・クーペ。最大出力100ps／6200rpmによって最高速度は200km/hに到達。

左下：エンジンは550スパイダーRSに搭載されたコンペティション用のものによく似ている。

コンバーティブルD
第二工場の外観。設計はロルフ・グットヴロット。

右：左側よりカール・ラーベ、エルヴィン・コメンダ、フェリー・ポルシェ。

下：1958年にスピードスターに代わった356AコンバーティブルD。

1957年、356Aはさらに次のような重要な変更が施される。まず3月、丸型のテールライトがしずく型になった。この年の暮れ、タイプ2（T2）と呼ばれるボディが登場、1300のエンジンが打ち切りとなる。マフラーとバンパーが一体化し、ライトアップされたナンバープレートの位置が低くなった。生産性を考慮して、ボディについてはロイターと協力していくことを決定、クーペ／カブリオレ／カブリオレ・ハードトップが製作されることになった。

いっぽう、1958年にスピードスターに代わって登場することになったコンバーティブルDを製作したのは、シュトゥットガルトの北40kmほどの、ハイルブロンにあるドラウツであった。

モータースポーツ ミッレミリア 1955

クラス優勝
1950年代半ば、水平対向4気筒1498cc／110ps／2シーターの550スパイダーが数々のレースに参加する。このクルマの車重はわずか590kgであった。
写真はサイデル／グロケー組によって1955年のミッレミリアでクラス優勝を果たした550。

356 B 1959〜1963

日産32台
右上：356Bの生産ライン風景。このクルマは1日におよそ32台が生産された。

左下：356Bクーペ。1600のエンジンは60ps／75ps／90psの3種類。

右下：1960年、ポルシェはカルマンに、ボディと同色に塗装した屋根を溶接した356Bハードトップ・クーペの製作を依頼。しかし、大衆から好意的に迎えられることはなかった。T5ボディで1048台、T6ボディで699台が製作された。

1958年、ポルシェの設計者は時代に合った356を目指して改良作業を開始、1959年のフランクフルト・モーターショーには356Bが登場した。356Bは最初、疑いの目でもって迎えられた。というのも、ポルシェがこんなラディカルなモデルチェンジを行なったのは初めてだったからだ。

356Bにはボディに重要な変更が施されていた。まず、ヘッドライトの位置が高くなり、これに伴い、ピンとまっすぐになったフェンダーのすっきりしたラインがよく見えるようになった。そしてバンパーが持ち上げられ（フロント95mm／リア105mm）、オーバーライダーが装着された。また、リアバンパーにはナンバー灯が内蔵され、バンパーの下にリバースランプが追加されている。フロントの下の部分には丸みがつき、その丸みはリア方向に向かう。そこにフロントブレーキの冷却効果を高めるため、ベンチレーションを良くするエアインテークがふたつ装着された。このブレーキは軽合金製で、72のクーリング・フィンが装着されている。

その他の興味深い点としては、フロント・ボンネットのフードハンドルの下部分の幅が広くなり、フロントのウィンカーが変更されたことだろう。また室内では、3本スポークのステアリングホイールが黒になり、ドアハンドルやシフトノブも黒に変更されている。リアシートは左右それぞれが独立したタイプと

S-LT 11

なり、その結果、ヘッドスペースが広がった（およそ60mm）。内外に開閉する三角窓はクーペにも標準装備となった。

最後に登場したのはロードスター・モデルだ。これはスパイダーの代わりともいうべきもので、手ごろな値段の2シーターであった。旧型のバリエーションでいえば、スピードスターやコンバーティブルDにあたる。

黒のステアリングホイール

356Bのエンジン組み立て風景。

下：356Bのステアリングホイールは3本スポークで、中央に黒のプラスチック製のキャップが付く。スイッチ類やシフトレバーの上部も黒。

右下：新しくなったシート。

90psからその名が付いたスーパー90には初めてラジアルタイアが採用され、356カレラ同様、後軸に補正リーフスプリングが採用されている。

当初は疑念を向けられたものだったが、356Bは評判を呼ぶ。シフトに問題があったにもかかわらず、人気を博したのだった。

1960年代初め、ボディと同色のハードトップをボディに溶接して固定したクーペ・ハードトップの生産がカルマンで始まったが、このクルマの評判は芳しいものではなかった。

販売とアフターサービス、部品ストックを中心とした業務を行なう第三工場が第一工場そばに完成、1960年11月初めには稼働を開始

少なくなるフォルクスワーゲン
数々の画期的な改良によって、356Bはフォルクスワーゲンから遠ざかっていった。このクルマで残ったフォルクスワーゲンとの共通部品は、リアのサスペンションアーム、アクセルシャフト、ステアリングギア、ディファレンシャル・ケース。

テクニカルデータ

356B スーパー90T6 (1963)

【エンジン】＊形式：水平対向4気筒／リア縦置き ＊ボア×ストローク：82.5×74.0mm ＊総排気量：1582cc ＊最高出力：90ps／5500rpm ＊最大トルク：12.3mkg／4300rpm ＊圧縮比：9.0：1 ＊タイミングシステム：OHV／2バルブ ＊燃料供給：キャブレター，ソレックス40PJJ-4 ＊バッテリー容量：6V（オプション：12V）

【駆動系統】＊駆動方式：RWD ＊クラッチ：乾式単板 ＊変速機：4段 ＊タイア：165-15／ラジアル

【シャシー／ボディ】＊形式：2ドア・クーペ ＊乗車定員：4名 ＊サスペンション：（前）独立 横置きトーションバー，油圧式ダンパー，スタビライザー （後）独立 トーションバー，油圧式ダンパー，モノリーフ・スプリング ＊ブレーキ：ドラム ＊ステアリング：ウォーム・ローラー

【寸法／重量】＊全長×全幅×全高：4010×1670×1330mm ＊ホイールベース：2100mm ＊トレッド：（前）1306mm（後）1272mm ＊車重：950kg

【性能】＊最高速度：185km/h ＊平均燃費：8.5ℓ／100km

偽クローズド
356Bハードトップ・カブリオレとハードトップ・クーペは、ルーフの取り外しが可能か否か、この点が異なる。

する。翌61年1月にツッフェンハウゼンで生産されたものとしては4万台目にあたる356が完成、この年の夏にはT6ボディのプログラムがスタートした。

モディファイはエクステリアを中心に行なわれている。リアウィンドーが大きくなり、エンジンリッドのルーバーが二分割された。ラゲッジスペースをさらに確保する目的で燃料タンクの形状が変更となり、燃料注入口が右前フェンダーに付いた。フロントフードを開けることなく給油が可能となったのである。さらに、スクリーン直前に設けられたエアインテークによって、室内の通風が改善された。電動スライディングルーフはオプションである。

1961年の暮れ、翌年にデリバリー開始を予定する356カレラ2が発表された。これは（レース用の356Bカレラ・アバルトGTLのようなクルマを除くと）356シリーズの頂点に置かれるモデルで、115psの356B1600カレラGTに代わるものだ。エンジンの特徴は、シリンダーのストロークが長くなったことでエンジンの幅が広くなり、シリンダーヘッドカバーがスクエアになった。

その性能は、最高出力130ps／6200rpm、最大トルク16.5mkg／4600rpm、最高速度200km/h。車重は1000kgをわずかに超える。0ー100km/h＝9.4秒という、この時代としては驚異的な数字を叩き出し、圧倒するパワーを見せつけた。

同時にカレラ2には重要な変更が施されている。長い間、懸案になっていたポルシェが製作したディスクブレーキが採用されたのだ（実験は1957年に始まっている）。キャリパーがローターの外側に付く一般的な構造とは異なり、ハブキャリアの内側にオフセットしてマウントされたローターの内側にキャリパーを配置したものだ。これによって同じホイールサイズに対してより大径のローターを装備することが可能となった。カレラ2にはサーボなしの4輪ディスクブレーキが採用され、パッドとローターの隙間は自動調整式となった。この構造の唯一の難点は防水性に劣ることだ

アクセサリー
左：356Bカブリオレ。
右：室内。クロームメッキされたホーンはオプション。

911への道

1962年3月、ポルシェ356Bカレラ2。パワフルでスピーディな356は公道で使用するために造られた。2ℓエンジンの最大出力は130ps／6200rpm。6気筒の911と同じ排気量で、同じ出力。

右：ドアとフロントフードの取り付けは、手作業で行なわれた。

った。そこでポルシェは取扱説明書に、時々ブレーキペダルに触りブレーキパッドを乾かすこと、と明記する必要に迫られた。

このクルマの生産台数は、ベースとなった356BとCを合わせてもわずか436台だった。

モータースポーツ　トゥール・ド・コルス 1960

無敵

1960年11月5日から8日まで行なわれたラリー、トゥール・ド・コルスで、ヘルベルト・リンゲとポール・アンスト・ストラーレがステアリングを握るポルシェ356BカレラGS/GTが優勝。空冷水平対向4気筒1588cc、115ps。車重は900kg。この年、ポルシェはフォーミュラ2のタイトルも獲得。上は勝利を祝ったポスター。

356 1600スーパー90カブリオレ インプレッション

自由の旗
「社会発展と安定した経済の原因であり、効果であり、シンボルでもある」1962年2月号でクワトロルオーテの編集長、ジャンニ・マッツオッキはクルマをこう定義している。
表紙はアルファ・ロメオ・ジュリエッタTIで、この号のテストの二本柱のひとつだ。2番目はピエロ・タルッフィ（右：最新の測定装置とともに）の“走り”。356スーパー90の限界に挑戦。

クワトロルオーテがポルシェをテストするのは初めてのことではないが（356のデビューに際して1958年9月号で掲載している）、著名なドライバーの手に託すのはこれが初めてである。1962年2月のスイスGPで優勝を果たしたフェラーリのドライバー、ピエロ・タルッフィが、356 1600スーパー90のステアリングを握った。

『クワトロルオーテ』が300リラだったこの時代に、クルマの値段は336万リラだった。エンジニア・タルッフィはドライビングポジションを「最高」とし、コンフォートは「高く」、シートもいい、コマンド類は扱いやすく、シフトについては女性や初心者（特に奥さんたち）でも使い勝手がいいと述べた。「性能のいいグラントゥリズモであるにもかかわらず、街中でも充分乗れる」と記している。
「パワーとトルクが3000rpmから良くなる。そういう意味では、低回転で回すエンジンではないことは確かだが、4速で1000rpmでもそれほど悪くない。駐車するにも問題のないサイズだが、停止状態でのステアリングはかなり重い。エンジンは少々うるさい。しかしこうした難点は、街を出て、コーナーの続く空いた道に入ると、あっという間に消えてしまう。ドライビング・ファンに富み、ステアリングが軽くなる。ただし、速度が増すとクルマはアンダーステア気味となり、正確なハンドリングが要求される」

「でないとクルマは逆向きに進むことになる」と付け加え、一般のドライバーに向けて加速への注意を促したあと、タルッフィは限界でのポルシェの安全性とスタビリティを「予想外の驚き」と評した。こういう状況でもブレーキは確実だと述べている。

初期のミッレミリアのコース（ローマからヴィテルボ、シエナ、フィレンツェを通ってボローニャまで）をタルッフィは3時間51分で走ったが、テストはヴァレルンガ、モデナとモンザのサーキットでも行なわれた。仕上げはモンテカルロ、GPのコースである。
「1500kmの行程中、クルマには何の問題も起こらなかった。ポルシェ・スーパー90は最高のインプレッションを私に残した」

PERFORMANCES

最高速度	**km/h**
5速使用時	178.217
燃費(4速コンスタント)	
速度(km/h)	**km/ℓ**
60	14.1
80	14.1
100	11.2
120	9.0
140	8.5
160	7.4
180	6.2
発進加速	
速度(km/h)	**時間(秒)**
0—40	2.3
0—60	4.5
0—80	7.2
0—100	11.2
0—120	16.6
0—140	24.0
停止　1km	**32.9**
追越加速	
速度(km/h)	**時間(秒)**
40—60	8.3
40—100	23.3
40—120	31.9
制動力	
初速(km/h)	**制動距離(m)**
100	55.0
120	80.0
140	109.0
160	143.0
170	167.0

1500km、休みなし
公道とサーキットでの長いテストの後、タルッフィはこんなふうに原稿をまとめている。「ポルシェ・スーパー90は素晴らしい印象を私に残した。能力の高い、小さなグラントゥリズモだ」

356 C 1963～1966

ラスト
356Cは4輪ディスクブレーキを採用した最初のポルシェである。エンジンは2種類で、どちらも1600ccながら、扱いやすい75psとアグレッシブな95ps。356Cは1965年4月まで生産された。

1963年7月、新しい911のお披露目の準備が整ったときでさえ、ポルシェではまだ356のマイナーチェンジが進められていた。

356Cのエクステリアは356Bのそれがそのまま受け継がれたが、唯一、ホイールのデザインが新しくなった。これは4輪ディスクブレーキATE（ダンロップのライセンス生産）が採用されたためだが、カレラ2では内側に取り付けられたキャリパーが、コストの問題から今回は外側に取り付けられている。

356Cではシャシーとサスペンションのバランスが向上してスタビリティが良くなった。フロントのスタビライザー・バーは1mm長くなり、リアのトーションバーはよりフレキシブルになった。補正リーフスプリングはオプションである。ダンパーは、356Cについてはボーゲ、356SCにはコニが採用されている。

これまで3種類あったエンジンは、75psの356Cと95psの356SCの2種類に整理された。いっぽう、356Cのカレラ2は2ℓ130psであった。

室内にも簡単な手直しが施されている。ダッシュボードの真ん中部分がわずかに下方向に長くなり、ワイパー、ライトスイッチ類、そしてシガーライターがステアリングの右側に移動、サイドブレーキ用のランプが装着された。ヒーターはノブではなくレバーで作動する。クーペのみ、リアウィンドーの曇りを改善するためにエアデフロスターが用意された。

1964年3月初め、コーチビルダーのロイターがポルシェ、およびピエヒ家に吸収される。インテリアとシートについては、創業したばかりのレカロに委託されることになった。

この年の秋、日産わずか5台の予定ながら911の生産が始まる。356Cと356SCについては1日40台のペースで生産が続けられることになり、共にこの時期、最後のモディファイが行なわれた。356Cの生産は1965年4月28日をもって終了、17年の間、356は好調な販売を続けた。最後に生産された白の356Cカブリオレはツッフェンハウゼンで花に飾られたの

似姿
356BのT6ボディを用いた356Cは、ニューカラー以外では4輪ディスクブレーキの採用によりホイールのデザインが新しくなった。ハブキャップは扁平型。カブリオレは持ち運び可能なメタル・ルーフが用意されたが、人気のなかったクーペ・ハードトップはなくなった。

テクニカルデータ

356Cカレラ2 (1963)

【エンジン】＊形式：空冷水平対向4気筒／リア縦置き ＊ボア×ストローク：92.0×74.0mm ＊総排気量：1966cc ＊最高出力：130ps／6200rpm ＊最大トルク：16.5mkg／4600rpm ＊圧縮比：9.5：1 ＊タイミングシステム：DOHC／2バルブ ＊燃料供給：キャブレター，ソレックス40PII-4

【駆動系統】＊駆動方式：RWD ＊クラッチ：乾式単板 ＊変速機：4段／フルシンクロ ＊タイア：165×15

【シャシー／ボディ】＊形式：2ドア・クーペ ＊乗車定員：2名 ＊サスペンション：(前) 独立 トレーリングアーム／トーションバー，油圧式ダンパー，スタビライザー (後) 独立 セミトレーリングアーム／トーションバー，油圧式ダンパー，スタビライザー ＊ブレーキ：ディスク ＊ステアリング：ウォーム・ローラー

【寸法／重量】＊全長×全幅×全高：4010×1670×1330mm ＊ホイールベース：2100mm ＊トレッド：(前) 1310mm (後) 1270mm ＊車重：1010kg

【性能】＊最高速度：200km/h ＊平均燃費：9.8ℓ／100km

スタンダードのディスク
最後のカレラ2には内側にキャリパーを取り付けたディスクブレーキではなく、356Cと同じタイプのディスクブレーキが採用された。

だが、しかし356のストーリーはここで幕を下ろすわけではない。翌年、オランダ警察の注文でカブリオレが10台生産されたのだ。白のボディに黒い幌を付けたこのクルマがデリバリーされたのは、1966年5月26日だったという。

すでに何千台もの911が走り出していたにもかかわらず、ポルシェ・ファンの間で356は根強い人気を誇っていた。このクルマの生産台数について、ポルシェは7万6302台と公表しているが、実際の生産台数をポルシェが公表した数の倍とみる専門家も少なくない。シャシーの生産台数から、もっと多い数の356が生産されたはずだとしている。

サクセス
1964年モンテカルロ・ラリーに出場した356カレラ2。2000cc以下のクラスで優勝を飾った。ステアリングを握ったのはクラス／ヴェンカー組。

モータースポーツ　フランスGP 1962

初めてのF1で瞬く間に優勝

1962年、ポルシェはフォーミュラ1に804で初めて参戦した。ドライバーはダン・ガーニーで、6月8日にルーアンで行なわれたフランスGPで優勝を果たす。しかし、あまりにコストがかかることから継続を断念。804のエンジンは水平対向8気筒（1494cc／190ps）で、車重は455kgだった。

911 2.0 1963〜1969

シミュレーション
上：1966年モデルのクラッシュテスト風景。50km/hの衝突の衝撃をシミュレーションするため、高さ10mの地点から904が落とされた。

右上：ポルシェ901の13台のプロトタイプのうちの1台。給油口の蓋が丸みを帯びている。

右下：1963年のフランクフルト・モーターショーに展示された901。リアのボンネットの下にはまだ仮のエンジンが入っていた。

ポルシェでは、1956年にはすでに356の後継車について検討を始めていた。進化させた小型セダンはどうかという会話が設計者の間で交わされたが、技術面でいえば356はビートルの延長線上にあり、時代に合った改良がなされていない。空冷水平対向4気筒エンジンは進歩の限界に達し、一方でカレラ2のエンジンはコストの面でシリーズ生産には向かないと考えられていた。このような理由から、まったく新しいエンジンを搭載したクルマという発想が、ツッフェンハウゼンの人間の間で主流になっていったのだった。

ひとつ、はっきりしていたのは、新しいモデルもまた空冷リアエンジンであることだった。エクステリア・デザインの定義については1955年型BMW507の形を考案したことで知られるゲルツ卿に委ねられたのだが、グラマーで大げさな彼のデザインはあまりにアメリカ的すぎて、ポルシェのラインからは遠いと判断された。そこで、フェリー・ポルシェは社内でまとめようと考え直し、いくつかの点を明確にした。

技術面での彼の意向はボクサーエンジンであることだった。実際、指定されたのはディメンションのみで、基本的に356のそれが踏襲される予定だったが、ホイールベースについては20cmほど長くなると考えられた（後部席の足元に余裕を持たせるため）。加えてハッ

人生をペンと共に

未来の911のデザインを試作中のフェルディナント・アレキサンダー・“ブッツィ”・ポルシェ。彼は1935年12月11日、シュトゥットガルトに生まれた。デザインアカデミーを卒業後、1962年にポルシェ・デザインセンターに入社。その後、1972年に自身のスタジオを立ち上げる。

発展するモデル
1970年代の第2工場、911 2.0の組み立て風景。
ポルシェは常に時代に沿った改良を進めてきた。1965年にはタルガトップが登場する（翌年春より発売開始）。1966年、キャブレターはソレックスからウェバーへ。この年の11月、よりスポーティでパワフル（130psから160psへ）なモデル、911Sが登場。
1967年8月1日、911はT（110ps）／L（130ps）／S（160ps）の3バージョンとなる。それぞれのモデルにクーペとタルガトップが用意された。

ッチバックであることが条件とされた。

社内の設計部門は、スペースは充分とはいえないながらも、とりあえず4シーター、ホイールベース2.4m、チェコのタトラを思わせるテールを持ったクルマを提案した。しかし、この方向が変わったのは、1959年にフェリーの息子、フェルディナント・アレキサンダー（愛称ブッツィ）がこの提案を引き継いだときだった。

彼はホイールベース、ハッチバック、エクステリア・デザイン、この3点のうちのひとつを捨てなければならないと考えた。ルーフとテールを結ぶラインが、一見2シーターながら4人のスペースを確保するという要求に無理を与えているのではないかというのが彼の考えだったのだ。フロントはセンターピラーまでそのままでよいと判断されたが、リアについては最終的にフェリー・ポルシェがハッチバックの2シーター（プラスアルファ）と決めた。

エンジンは、リアの補助シートともいえる部分の後ろにラゲッジスペースを確保することを考えて、大きすぎないほうがよいという判断から、いったんは4気筒に傾いたが、パワーアップしたポルシェは6気筒で、当然ながら空冷水平対向と決まるまでに時間はかからなかった。

エンジンの開発はハンス・メツガーを中心に、チューリッヒ工科大学の学生であった、かのフェルディナント・ピエヒが行なったの

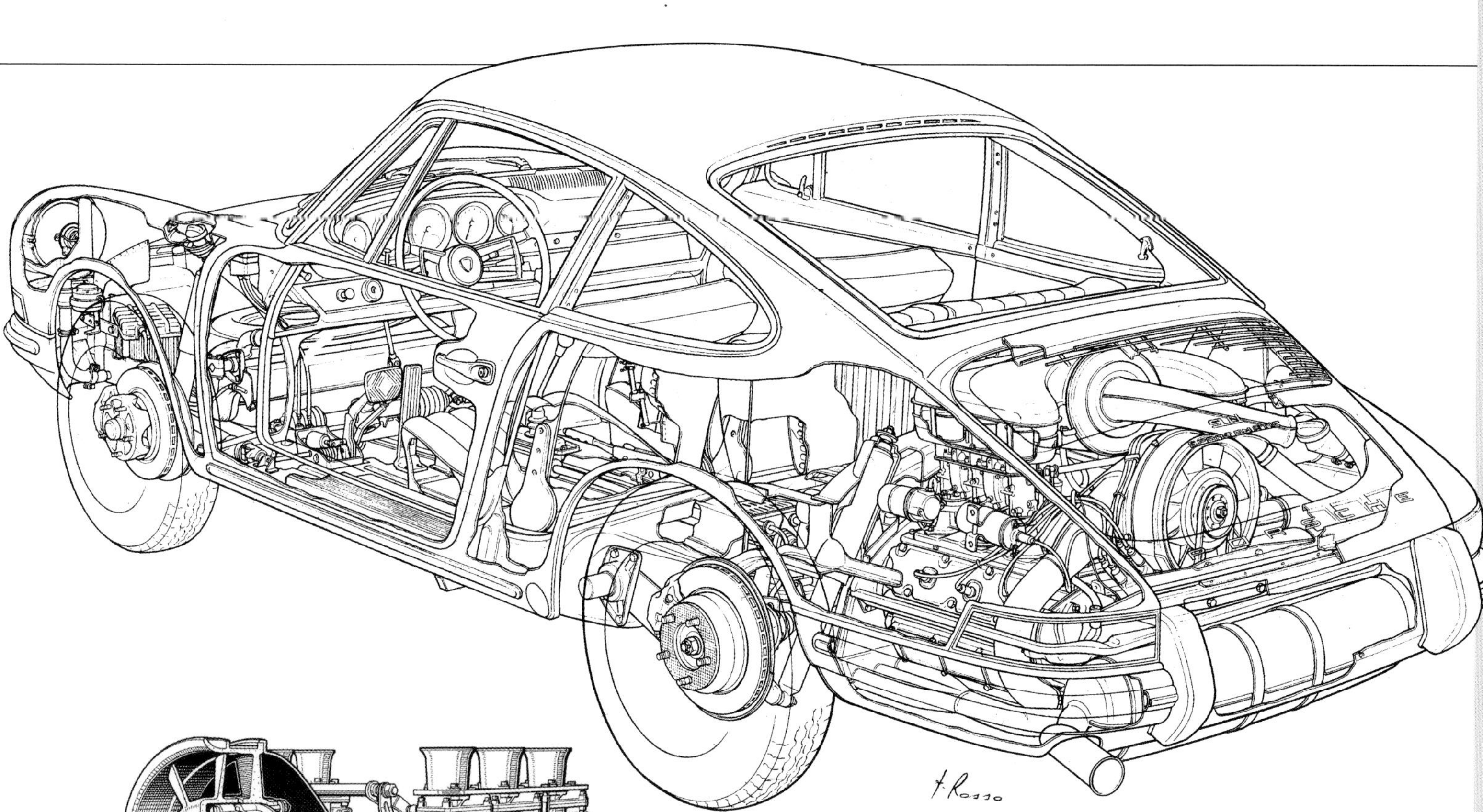

丈夫、パワフル、信頼性に富む

最新の911エンジンは空冷水平対向6気筒で、排気量は1991cc、最大出力は130ps／6100rpm。特徴は8つのサポートに支えられた丈夫なクランクシャフトとドライサンプ。キャブレターはソレックス。エンジンは軽合金製で、シリンダーはバイラル。キャブレターについては1966年（1967年モデル）からウェバーに変わった。

テクニカルデータ

911 2.0（1964）

【エンジン】＊形式：空冷水平対向6気筒／リア縦置き ＊ボア×ストローク：80.0×66.0mm ＊総排気量：1991cc ＊最高出力：130ps／6100rpm
＊最大トルク：17.7mkg／4200rpm
＊圧縮比：9.0：1 ＊タイミングシステム：SOHC／2バルブ
＊燃料供給：キャブレター，ソレックス40PI

【駆動系統】＊駆動方式：RWD
＊クラッチ：乾式単板 ＊変速機：5段 ＊タイア：165-15
＊ホイール：4.5J-15

【シャシー／ボディ】＊形式：モノコック／2ドア・クーペ
＊乗車定員：4名 ＊サスペンション：（前）独立 縦置きトーションバー，油圧式ダンパー（後）独立 横置きトーションバー，油圧式ダンパー ＊ブレーキ：ディスク ＊ステアリング：ラック・ピニオン

【寸法／重量】＊全長×全幅×全高：4163×1610×1320mm
＊ホイールベース：2211mm
＊トレッド：（前）1367mm（後）1335mm ＊車重：1080kg

【性能】＊最高速度：210km/h
＊発進加速（0－100km/h）：9.1秒

5つの装備

上：911 2.0のダッシュボード。30年にわたって受け継がれた。

下：1967年型911Sのダッシュボード。ノーマルの911との違いはグローブボックス上のスクリプト、ステアリングホイール。

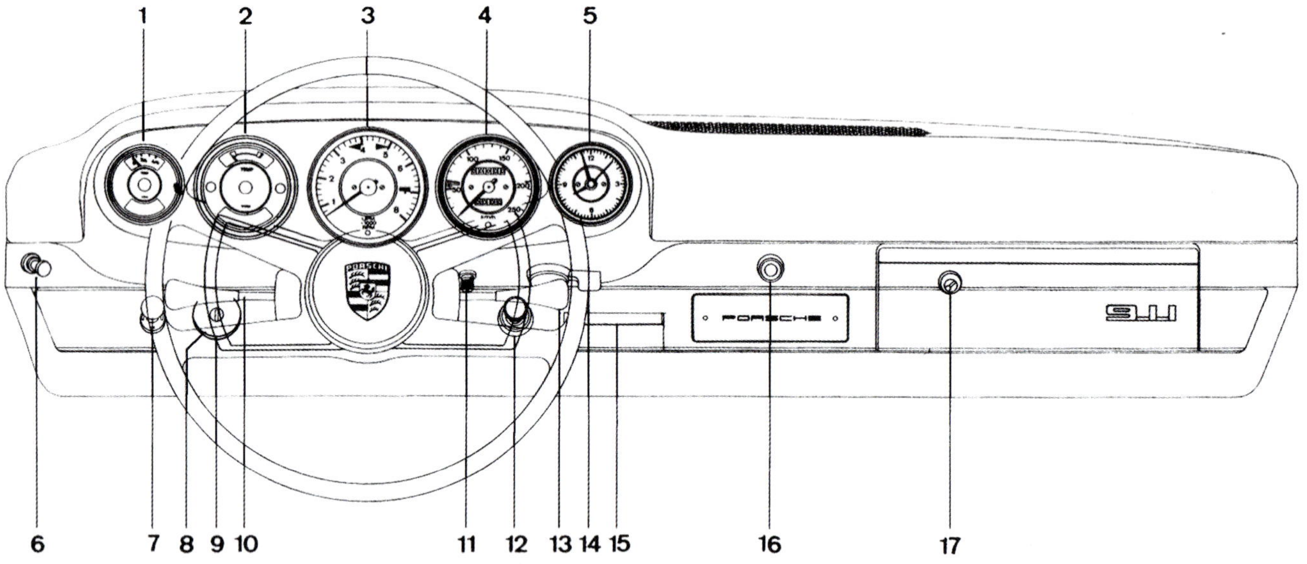

1 油圧計
2 フューエルゲージ
3 レブカウンター
4 速度計
5 時計
6 給油口リリースノブ
7 ライトスイッチ
8 イグニッションスイッチ
9 ホーン
10 ライトスイッチ
11 トリップメーター・リセットボタン
12 シガーライター
13 ワイパーレバー
14 エアコントロールファン
15 灰皿
16 フォグランプ・スイッチ
17 グローブボックス・ロック

パワー

911S（スーパー）は1967年モデルからスタート、つまり1966年8月にデビューした。最大出力160ps／6600rpm、ブレーキ（ベンチレーテッド・ディスク）やサスペンションのバランスが向上。初めてフックス製の軽合金ホイールが採用された。サイズは4.5J×15。最高速度は225km/h、0－100km/hは7.5秒。

マニュアルの“オートマチック”

1968年型（1967年8月）のシリーズAから、911（初めて馬力が3バリエーションになった）にセミオートマチックシステムのシュポルトマチックが搭載された。この4段ギアのトランスミッションは通常のシフトを操作してギアチェンジを行なうものだが、その際、クラッチペダルを踏む必要がない（実際、取り外されている）。これは、トルクコンバーターをエンジン負圧で作動するクラッチとマニュアルギアボックスとを組み合わせたもので、シフトレバーを動かすとそれを電気的に感知してクラッチが切れる仕組みである。

ドライバーはふたつしかペダルのないスポーツカーに懐疑的であったが、シュポルトマチックが搭載された911は、都会の渋滞のなかで使うには悪くないと評価された。280ドル上乗せすればシュポルトマチックを手に入れることができたアメリカでは（911クーペの値段は当時6790ドル）、4人にひとりがこのトランスミッション付きを選んでいる。

トランスミッション

右上：セミオートマチックのトランスミッション、シュポルトマチックが採用された911Sのダッシュボード。

下：馬力測定中の911 2.0タルガ。

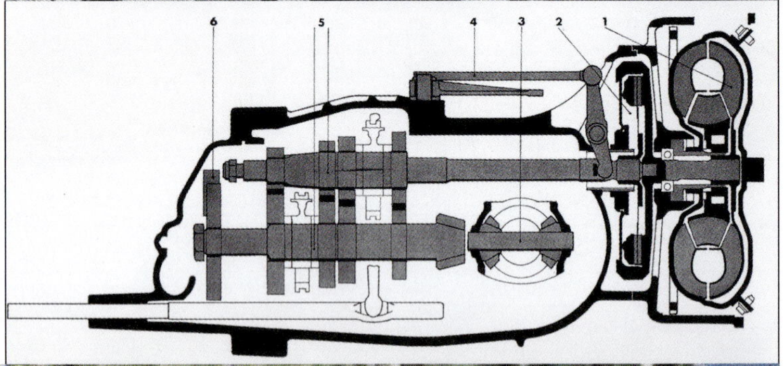

1 トルクコンバーター
2 クラッチ
3 ディファレンシャル
4 クラッチ操作リンケージ
5 4段ギアボックス
6 駐車のためのロック・システム

だが、完成予定日が近づいても、まだ多くの問題を抱えていた。1963年9月12日、フランクフルト・モーターショーにこのクルマが発表されたときも、鮮やかな黄色に塗られた901のプロトタイプのエンジンは仮のものだった。

新しいポルシェの生産はショーからちょうど1年後の1964年9月に始まった。翌月、ゼロを間に挟んだ3桁の数字を商標登録しているプジョーからの抗議を受けたポルシェは、彼らともめることを避けるためにこれを受け入れ、911という車名が誕生したのだった。

最初、このクルマは「本来のポルシェではない」と長年のポルシェ・ファンから懐疑的な目を向けられた。それに対して、フェリー・ポルシェは「すぐ好きになるものが長く愛されることはない」と主張したものだったが、実際、どちらの考えが支持されたかは時の流れが答えを示している。

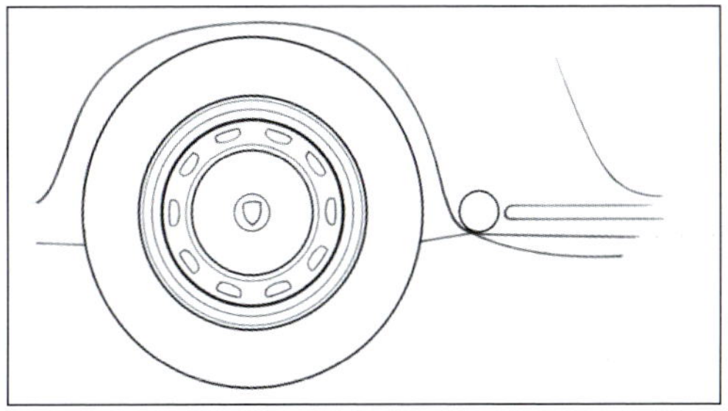

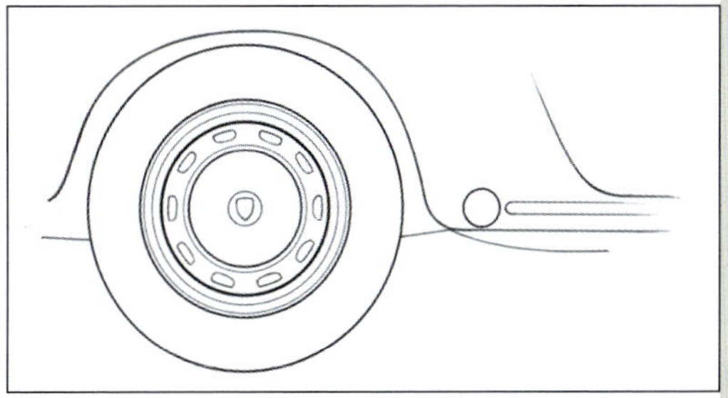

走るために生まれた
コンペティション用に22台用意された軽量でパワフルな911R（上）。821kgの車重はFRPのフロントフェンダー、フロントフード、バンパー、ドア、フレキシグラスのサイドウィンドーとリアウィンドーによって実現した。ホイールサイズは前が6J-15、後ろは7J-15。6気筒ボクサーエンジンの最大出力は210ps／6200rpm。1968年8月、1969年型911Tシュポルトマチック・タルガ・シリーズB（中央）は、ホイールベースが57mm長くなり、フェンダーが張り出した。旧型（左下のスケッチ）と比較するとディテールに差が見える。双方ともホイールは軽合金のフックス製で、サイズは6J×15。タイアは185/70VR15。

912 1965〜1969

見た目は同じ、中身が違う

356より値段が高いことで911は潜在的な顧客を追い出したため、4気筒エンジンを搭載した安価なポルシェの登場はヨーロッパでもアメリカでも評判を呼んだ。

下：メーターが3つ並ぶタイプと、1966年モデルからの5つのタイプ。912の外観は、911のそれとよく似ている。

1960年代前半のポルシェを悩ませたのはボディの供給だった。1964年3月に吸収したロイターはコンスタントなボディの供給を約束していたが、クォリティに問題があった。そこでポルシェは、質の改善の点では満足いくカルマンを頼ることにした。カルマンの助けによってポルシェは最後の356Cの生産に立ち向かうことができたし、後継車についても準備を進めることができた。後継車とはもちろん4気筒の911、つまり912のことである。

912のエンジンは356Cからそのまま受け継がれた、排気量1582ccのプッシュロッド式4気筒だが、最大出力はわずかに減って90ps／5800rpmとなった。ポルシェはこのクルマのエンジンについて、95psのSCエンジンのパフォーマンスを排除することなく75psのCのエンジンの柔軟性を持ち込みたいと考えた。基本的にギアは4段だが、このクルマの良さを精いっぱい引き出すことができる5段がオプションで用意された。

912の外観は911のそれを踏襲している。違いはおもに室内にあって、よりシンプルにはなってはいるものの、356より明らかに進化している。911同様、912もまた電装は12ボルトになった（356は6ボルト）。

価格面で当然ながら6気筒のものより安価な

912がマーケットに受け入れられるのは、それほど困難なことではなかった。912のパフォーマンスはそれほど高いものではなかった

180km/hを超える

912と、同時代の911とを見分けることは難しい。実際、違いはインテリアと、当然、技術面にある。エンジンは4気筒1582cc、最高出力は90ps／5800rpm。最高速度は185km/h。

テクニカルデータ

912（1965）

【エンジン】＊形式：空冷水平対向4気筒／リア縦置き ＊ボア×ストローク：82.5×74.0mm ＊総排気量：1582cc ＊最高出力：90ps／5800rpm ＊最大トルク：12.4mkg／4200rpm
＊圧縮比：9.3：1 ＊タイミングシステム：SOHC／2バルブ ＊燃料供給：キャブレター，ソレックス ＊バッテリー容量：12V

【駆動系統】＊駆動方式：RWD ＊クラッチ：乾式単板 ＊変速機：4段 ＊タイア：165×15

【シャシー／ボディ】＊形式：モノコック／2ドア・クーペ ＊乗車定員：4名 ＊サスペンション：(前) 独立 トレーリングアーム／縦置きトーションバー，油圧式ダンパー (後) 独立 セミトレーリングアーム，トーションバー，油圧式ダンパー ＊ブレーキ：ディスク ＊ステアリング：ラック・ピニオン

【寸法／重量】＊全長×全幅×全高：4160×1610×1320mm ＊ホイールベース：2210mm ＊トレッド：(前) 1360mm (後) 1330mm ＊車重：970kg

【性能】＊最高速度：185km/h ＊平均燃費：8.5ℓ／100km

伝統のユニフォーム
左：912タルガもまたポリスカー入りしている。この伝統は356の時代に始まったものだ。912のオープンタイプは1965年のフランクフルト・モーターショーでデビュー。
下：ショートホイールベース・バージョン（1968年モデル）。

にもかかわらず、顧客は質、技術、シフトフィール、ドライビング・プレジャー、そしてスポーティなイメージを高く評価した。まぎれもなくポルシェであると、そう認識されたのだ。「もう少し馬力があれば」、こう言われたのも事実だが。

モータースポーツ タルガ・フローリオ 1966

シチリアでの勝利

1966年5月8日、ヘルベルト・ミュラー／ウィリー・メレス組の906が優勝。ポルシェにとって、過去10年間で7回目の勝利である（横のポスターは1964年の素晴らしいパフォーマンスを記念したもの）。906のエンジンは911から移植された空冷水平対向6気筒。馬力はなんと210psで、車重は675kg。

911 2.2 1969~1971

整然とした
ダッシュボード
左下：911 2.2のダッシュボード。前モデルとさしたる変化はない。

右下：911T2.2タルガ。125psエンジンのおかげで最高速度は205km/h。

1970年代、レースの世界はとても面白い展開をみせていた。フェラーリと917がライバルとして闘っていたのである。当然、公道を走るポルシェのイメージにも影響を与えた。ポルシェにとっては911をさらに進化させる、この良いチャンスを逃す手はなかった。こうして1969年9月、テクニカル・ディレクター、フェルディナント・ポルシェ采配のもと、1970年モデルから主力モデルの手直しが行なわれた。

まず排気量が2ℓから2.2ℓ（正確には2195cc）となり、馬力もアップし、911Tは125ps、Eは155ps、Sは180psとなった。いっぽう、馬力の小さいTとEについてはトルクカーブが緩やかになり、渋滞のある街乗りに適するようになった。

エンジンの見直しについては個人のドライバーを満足させることに主眼がおかれ、すべての911でクラッチが強化された。Tには初めてベンチレーテッド・ディスクブレーキが採用されたが、ギアは4段に留められた。代わりにEとSについては5段が標準装備となった。Sの特権であったアルミのフロントブレーキ・キャリパーはEにも採用され、TとEにはオプ

インジェクションでパワーを得る
EとSの装備は豪華という点で変わりなく、この2バージョンを区別するのはリアのエンジンフード上のスクリプトだけだ。ボッシュの燃料噴射システムのレベルは高い。155psのEの最高速度は220km/h。いっぽう、Sは180psで最高速度は225km/h。

アイデアが形になる場所

1960年1月、フェリー・ポルシェのいとこであるギスレンヌ・ケーヌと副社長のハンス・ケルンは研究センター建設の土地を探すよう、社命を受ける。12月2日、フェリー・ポルシェが希望した広さの6倍、38ヘクタールの土地をヴァイザッハに購入。建設案を練るうち、最終的に45ヘクタールまで広がったこの建設地に、最初のブルドーザーが入ったのは1961年10月16日だった。ポルシェの技術者たちが熱望したスキッドパッドは1962年暮れに完成。外径は190m。内側は40mと60m。すべての工事が終了したのは1969年7月だった。

911、発展の時代

右：ヴァイザッハのリサーチセンター。1961年10月16日に建設が始まり、1969年7月に完成した。

下：テストドライバーが乗る911。

ションでセミオートマティックのトランスミッション、シュポルトマチックが用意された。すべての車種でリミテッド・スリップ・ディファレンシャル(LSD)がオプションとなった。

室内はグローブボックスのロックが変わった程度で、さしたる手直しは見られない。いっぽう、オプションリストを眺めてみると、1970年のモデルイヤーから電動パワーウィンドーが仲間入りしている。

1971年のモデルイヤーで唯一変わったところは、車体下部分に亜鉛メッキが施されたことだろう。もちろん、これは防錆のためである。

テクニカルデータ

911 2.2 (1970)

【エンジン】＊形式：空冷水平対向6気筒／リア縦置き ＊ボア×ストローク：84.0×66.0mm ＊総排気量：2195cc ＊最高出力：180ps／6500rpm ＊最大トルク：20.3mkg／5200rpm ＊圧縮比：9.8：1 ＊タイミングシステム：SOHC／2バルブ ＊燃料供給：電子制御インジェクション，ボッシュ

【駆動系統】＊駆動方式：RWD ＊クラッチ：乾式単板 ＊変速機：5段 ＊タイア185/70VR15 ＊ホイール：6J×15

【シャシー／ボディ】＊形式：モノコック／2ドア・クーペ ＊乗車定員：4名 ＊サスペンション：(前)独立 縦置きトーションバー，油圧式ダンパー (後)独立 横置きトーションバー，油圧式ダンパー ＊ブレーキ：ベンチレーテッド・ディスク ＊ステアリング：ラック・ピニオン

【寸法／重量】＊全長×全幅×全高：4163×1610×1320mm ＊ホイールベース：2268mm ＊トレッド：(前)1374mm (後)1355mm ＊車重：1020kg

【性能】最高速度：225km/h ＊発進加速(0－100km/h)：7.0秒

914／914/6 1969〜1973

「プアなポルシェか、リッチなフォルクスワーゲンか？」

ジャーナリストやクライアントのこんな問いかけに対する決定的な答えはない。914をポルシェと捉えるならエコノミーであるとはいえるが、フォルクスワーゲンの4気筒を搭載していると考えるとソフィスティケートされているとは言いがたい。それならばフォルクスワーゲンとして考えると、これはあまりに高い。911Tの“フラットシックス”を搭載した（914/6）モデルはさらに高価だ。

1969年のフランクフルト・モーターショーでデビューしたニューモデルの起源は、2年前の重要なショーの話に遡る。1967年、ジュネーヴ・ショーのスタンドではスポーティなミドシップ・カーが紹介された。フェラーリとマートラ、ロータスとランボルギーニ、そこに足りないのはドイツのメーカーだった。ポルシェ以外にこの穴を埋められるメーカーがあるだろうか。しかし、それにはパートナーが要る。この手の同盟がちょっとしたブームだったが、何よりツッフェンハウゼンの生産ラインはすでに満杯の状態だった。911のコストがあまりに上がったことで、もう少し経済的なモデルが必要であることをフェリー・ポルシェが自覚していたことも大きい。絆の強いフォルクスワーゲンをパートナーに選ぶことがもっとも自然であった。

フォルクスワーゲンがVW411エンジンを提供し、ポルシェが設計を担当、フォルクスワーゲンのブランドで販売する、こんな合意が2社の間で交わされた。エクステリア・デザインについて、フェリー・ポルシェと当時の

同じ、でも違う
クロームメッキのベルトが付くフロントとリア、イミテーションレザー仕上げのロールバー、クロームメッキのホイール、これらが4気筒の914（下）と914/6（上と右）の外観上の違い。

当惑と驚き

1970年8月号でクワトロルオーテは914/4を“批評”している。
テストしたモデルは鮮やかなオレンジ色で、ポルシェはスクエアなこのクルマのエクステリアによく合っているとしていた。気候のいいときにはスパイダーとして楽しみ、枯れた冬には屋根を付けることができる。
クアトロルオーテは914を、「オリジナルだが、理解するのが難しいデザイン」と評した。

テクニカルデータ

914/4 (1970)

【エンジン】＊形式：水冷水平対向4気筒／ミドシップ ＊ボア×ストローク：90.0×66.0mm ＊総排気量：1679cc ＊最高出力80ps（DIN）／4900rpm ＊最大トルク：13.5mkg／2700rpm ＊タイミングシステム：OHV／2バルブ ＊燃料供給：電子制御インジェクション

【駆動系統】＊駆動方式：RWD ＊クラッチ：乾式単板 ＊変速機：5段／フルシンクロ ＊タイア：155SR15

【シャシー／ボディ】＊形式：2ドア・クーペ・スパイダー ＊サスペンション：（前）独立 縦置きトーションバー，テレスコピック・ダンパー （後）独立 セミトレーリングアーム／コイル，テレスコピック・ダンパー ＊ブレーキ：（前）ディスク （後）ドラム ＊ステアリング：ラック・ピニオン

【寸法／重量】＊全長×全幅×全高：3960×1650×1200mm ＊ホイールベース：2450mm ＊トレッド：（前）1340mm（後）1390mm ＊車重：900kg

レア・コレクション

1971年、コンペティション用に仕立てられた914/6。916と命名された。
まず目につくのは“筋肉質”の盛り上がったバンパーとフックスの鍛造ホイールだろう。エンジンフードの下には、しかし、コストの問題から決して販売はされなかった切り札が隠されている。スピードのために生まれた916のエンジンは、1972年型911Sの6気筒（2341cc／190ps）がベースなのである。20台を予定していたが、実際の生産台数は11台だった。現在では、まぎれもなくレアなコレクションといえる。

コンフォートな室内

左ページ：914/4（左側）と914/6の室内。シートが分厚くなり、チョークと油温計が付いた。

ミドシップ

レースからヒントを得たミドシップ・エンジン。ギアボックスはシンクロメッシュ5段で、6気筒バージョンのフロントブレーキはベンチレーテッド。

下：914/4は扱いやすく、本質的にニュートラルなクルマだ。

テクニカルデータ

914/6（1970）

下記以外は914/4と同じ

【エンジン】＊形式：水冷水平対向6気筒／ミドシップ ＊ボア×ストローク：80.0×66.0mm ＊総排気量：1991cc ＊最高出力：110ps（DIN），125ps（SAE）／5800rpm ＊最大トルク：16.0mkg（DIN）／4200rpm ＊比出力：55ps（DIN），62.5ps（SAE）/ℓ ＊圧縮比：8.6：1 ＊タイミングシステム：SOHC／2バルブ／チェーン ＊燃料供給：ツイン・キャブレター，トリプルボディ

【駆動系統】＊駆動方式：RWD ＊タイア：165HR15

【シャシー／ボディ】＊ブレーキ：（前）ベンチレーテッド・ディスク （後）ドラム

【寸法／重量】＊全長×全幅×全高：3980×1650×1240mm ＊ホイールベース：2450mm ＊トレッド：（前）1360mm（後）1380mm ＊車重：940kg

VWの顔、ハインツ・ノルドホフは最初からオリジナリティに富んだものを強く求めた。そこで、ノイ・ウルムにあるグゲロット・デザインに仕事を依頼した。何度も手を入れたのち、ついに、リアとフロントが長く、車高の低いロールバー付きのスクエアなボディ——シンプルなラインの2シーターのクルマが完成した。トランクについては前部と後部の両方に充分なスペースが用意されている。

すでに述べたとおり、914は1969年のフランクフルト・ショーでデビューした。フォルクスワーゲンのトップであったノルドホフはすでに亡くなり、クルト・ロッツが跡を継いだのだが、彼はスポーツカーをラインに加えることに積極的であったノルドホフと比べると、ポルシェとの関係に対して“フォーマル”

パフォーマンス
1970年8月と1971年4月に『クアトロルオーテ』に掲載されたロードテストの比較表。914/6（下）は当然ながら4気筒モデル（右：ローマのアザムでテスト中の光景）より“活発”。

QUATTRORUOTE ROAD TEST

	914	914/6
最高速度		km/h
	172.877	203.654
燃費（5速コンスタント）		
速度（km/h）		km/ℓ
60	18.1	14.7
80	17.2	14.5
100	14.7	12.3
120	12.6	10.6
140	10.9	9.3
160	8.4	8.4
180	——	7.6
200	——	6.6
発進加速		
速度（km/h）		時間（秒）
0−60	5.0	4.8
0−80	8.0	5.1
0−100	12.0	8.0
0−120	17.5	12.0
0−140	——	15.5
0−160	26.0	22.0
停止−400m	18.1	15.8
停止−1km	33.7	29.3
追越加速（5速使用時）		
速度（km/h）		時間（秒）
40−80	17.0	15.0
40−100	25.0	21.0
40−120	35.0	27.0
40−140	——	34.5
制動力		
初速（km/h）		制動距離（m）
60	17.6	21.0
80	30.8	36.1
100	47.3	56.1
120	66.9	81.0
140	91.8	110.9
160	121.6	143.9
180	——	179.9

であった。たとえば彼のこういった姿勢は、VW-ポルシェ・ブランドとしてスパルタンな4気筒の914と、当時クワトロルオーテが記したように、エンジンも仕上げも「立派になった」6気筒の914/6の販売のために設立された会社、VGに対しても見受けられた。

914/6の値段はベースモデルと比較すると60%も高価だった。これはポルシェ・ファンをたいそうがっかりさせたが、それでも売れ行きは悪くなかった。なにより1971年には、ドイツ人にもっとも愛されたレースで、914はオペルGTから王座を奪ったのだった。

モータースポーツ ルマン24時間耐久 1971

戦いの記録

平均速度222km/h。1971年のルマン24時間耐久レースでギズ・ヴァン・レンネップ／ヘルムート・マルコ組によって2年連続の勝利がもたらされた。クルマは917クーペ“ショートテール”、4907cc／600psの空冷12気筒エンジンを持つ。

911 2.4 1972～1973

クロームメッキ
カタログに掲載された911E2.4。早い時期に生産されたタイプで、サイドミラーが丸い。ウィンカーレンズの周りなど、クロームメッキが目立つ。

1971年9月、1972年モデルの投入に際して、ポルシェは再び911に重要なモディファイを施している。

ポルシェの設計者たちは、ますます厳しくなるアメリカの排ガス規制に対応するため、エンジンをデチューンせざるをえないが、そのために性能を落とすことはしたくないと考えた。解決策として排気量を拡大し、“フラットシックス”のストロークを旧型の66.0mmから70.4mmに延ばした。排気量は2195ccから2341ccになり、一方でオクタン価の低い燃料も使えるよう、エンジンの圧縮比を下げた。結果、レギュラー・ガソリンで走れるにもかかわらず、パフォーマンスをさらに高めたのだった。

911Sと911Eはさらに10ps増しとなり(それぞれ最高出力190ps/6500rpm、165ps/6200rpm)、911Tのパワーアップは5psに抑えられたが(130ps/5600rpm)、最大トルクの増え方はこのモデルが最も大きくなった。

ヨーロッパ市場向けの911Tにはゼニス40TIN型キャブレターが採用されたが、アメリカ向けはインジェクション・システムに変更され、10psのアップも果たした。

ゴージャス
フロントの黒いウィンカーレンズ・トリム、ATSの軽合金ホイールが採用された1973年モデル。
ドア下のクロームメッキ、ラバーのサイドモールディングは、ゴージャスな装備品としてSとEに標準で装備された。Tにはオプション。

テクニカルデータ

911 2.4（1972）

【エンジン】＊形式：空冷水平対向6気筒／リア縦置き ＊ボア×ストローク：84.0×70.4mm ＊総排気量：2371cc ＊最高出力：190ps／6500rpm ＊最大トルク：22.0mkg／5200rpm ＊圧縮比：8.5：1 ＊タイミングシステム：SOHC／2バルブ ＊燃料供給：インジェクション，ボッシュ

【駆動系統】＊駆動方式：RWD ＊クラッチ：乾式単板 ＊変速機：5段 ＊タイア：（前）185/70HP15 （後）215/60VR15 ＊ホイール：6J×15

【シャシー／ボディ】＊形式：モノコック／2ドア・クーペ ＊乗車定員：4名 ＊サスペンション：（前）独立 縦置きトーションバー，油圧式ダンパー（後）独立 横置きトーションバー，油圧式ダンパー ＊ブレーキ：ベンチレーテッド・ディスク ＊ステアリング：ラック・ピニオン

【寸法／重量】＊全長×全幅×全高：4156×1610×1320mm ＊ホイールベース：2268mm ＊トレッド：（前）1374mm（後）1355mm＊ 車重：1040kg

【性能】＊最高速度：230km/h

リアウィンドー・ワイパー

911はクーペもタルガ（写真）もどんどん傾斜がきつくなる。リアウィンドーのワイパーがオプションで登場したが、装着するユーザーは少なかった。いっぽう、911Sに標準装着されたフックスのホイールの評判は良く、S以外の911でもしばしばリクエストされた。

馬力とトルクの増加に伴い、トランスミッションもゼロから新たに設計された。これが915型だったが、シフトパターンは1速／2速が直線上、5速は上の右側の配置であった。

高いパフォーマンスを持ったクルマであるがゆえに、直進性の問題を再び検討する必要もあった。重量配分（前42%／後58%）はすでに検討されていたから、まずダンパーがモディファイされ、手始めに911Sにエアダム・スポイラーが装着された。このスポイラーはクライアントをおおいに喜ばせ、のちにTとEの標準装備となっている。これ以外にはブラックアウトされたエンジンフードグリルやスクリプト、これらがこの年のモデルのトレードマークだが、911 2.4を際立たせるポイントという意味でいえば、右リアのフェンダー上に設置されたガソリンオイル注入口のリッドだろう。ガソリンタンクの移動によって（重量配分改善のため）、つまりは技術上の問題を解決するためにこの場所に設定されたのだが、1973年には（以前同様）再びエンジンルーム内に戻されている。

いっぽう、燃費の悪さは深刻な問題であった。911Sでスポーティなドライビングを楽しむと、燃費は1ℓあたり平均5〜7.5kmだったのだ。このためポルシェは85ℓ用タンクをオプションで用意した（翌年から標準装備）。

1973年にはガソリンタンクが元の場所に戻され、フェンダー上にあったリッドがなくな

落第したATS

ATSの軽合金ホイールは911をモダーンなものにしたが、ユーザーは“ブッツィ”がデザインした、スポーティなイメージを持つ伝説のフックスの鍛造ホイールを好んだ（これからもそうだろう）。

左：新しいスポイラーを装着した911タルガ。

った。また、オイル交換は1万〜2万kmのインターバルで行なえば済むようになった。

911Eに装備されたATSの軽合金ホイール(6J×15)はオプションで911Tにも装着することができ、911Sにはフックス製が継続採用となった。フロントのウィンカーレンズ・トリムが黒色のプラスチック製となり、911Sのスポイラーが他のモデルにも標準で装備された。マフラーはステンレススチール製である。

フューエルリッド
911S2.4の最初の頃のモデル。クロームメッキと、なによりエアダムスポイラーがトレードマークだ。リア右のフェンダー(下)にフューエルリッドが見えるが、この場所に設けられていたのは1年ほどの間で、再びエンジンルームに戻された。

911 S 2.4 インプレッション

時間もスペースも無駄にすることがない、歯に衣着せぬ批評を行なうポール・フレール。ドライバー（1950年代、11戦のGPに参加、そのうち3回がフェラーリから。優勝はなし）からジャーナリストに転身したベルギー人は、1972年5月号の『クワトロルオーテ』、多くのファンを持つこの雑誌のために911Sをテストした。

排気量は増えたが、最大トルクはそのまま、新しく設計されたギアは強化（4段標準、5段オプション。テストは5段で行なわれた）――。ここから話は始まる。重要な点は、リアのダンパーの位置とオイルタンクの場所の変更、そしてフロントに手を入れたことである。

「スポイラーの形状がモディファイされた」彼はこう記す。「エアロダイナミクスの向上を目指して手直しされたスポイラーが、ハイスピード時のフロント部分を軽くした。特にウェットな道では効果的だ。これは激しい雨のなかで行なわれた南フランスのオートルート、プリ・オン・ナクスワとアバロン間、196km

ミニと主演女優
1972年5月の『クワトロルオーテ』の表紙はミニとラファエッラ・カラ。この号では1000と1300クーパーのインプレッションが掲載されているが、その後ろを飾ったのが、1300イタリアン・スポーツ（アルファ・ロメオGTジュニア／フィアット128クーペ／ランチア・フルヴィア・クーペ）、そしてフラヴィア2000のドライバーであり著名なジャーナリストでもあるポール・フレールによる911Sの評論だった。

エキスパートの評価

かのポール・フレールの評価以外にも、911Sは伝統に従ってフロシオーネにあるイスティテュート・スペリメンターレ・アウト・エ・モトーリ（Institute Experimental Car and Motors／自動車関係の実験機関）によって計測（横の表）が行なわれた。

にわたるテストで確認したものだ。テスト中には工事にぶつかり、我々は3kmにわたって80km/h以下での走行を余儀なくされた」

ポルシェに特別な愛情を注ぐ、このドライバー兼ジャーナリストは前モデルと比較して、ドライ路面でも横風の場面でもスタビリティが向上したことを確認。「エンジンをリアに搭載したクルマとしては素晴らしい結果だ」

素晴らしさはコーナーでのドライビング、ブレーキ、扱いやすい操作類、すべてに及んでいる。ステアリングは充分軽く正確で、エンジンの柔軟性が静粛性と共に非常に良くなった。しかし、厳しく評価することも忘れない。「ステアリングの“戻り”は速いが、もう少し良くなれば、直線コースでのギアのスタビリティが向上するだろう。ただし、ステアリングは重くなるだろうが。非常に濡れた路面では注意が必要だ。というのも走行距離が伸びていないとフロントブレーキが濡れる傾向にある。残念ながら、新しいギアの操作性は前モデルほどよくない。ギアが入りづらく、レバーが長いことで、ギアチェンジが遅くなる。ああ、クラッチのストロークも長いな」

いずれにしても全体の評価は悪くない。「驚き」はなんと燃費であった。

「性能を考えると、ライバルと比較しても燃費は非常に向上したといえるだろう。テストはローマーブリュッセル間で行なわれ、コースの4分の3が高速道路だったが、マキシマムにまわしても、100kmあたり20ℓだった。これは明らかにボディの空力の成果だ。このクルマはデビューから10年目に入り、素晴らしく機能的になった」

PERFORMANCES

最高速度	**km/h**	0—180	20.6
	232.011	停止—1km	26.8
燃費（5速コンスタント）		**追越加速（5速使用時）**	
速度（km/h）	**km/ℓ**	**速度（km/h）**	**時間（秒）**
80	11.2	40—80	14.9
100	9.6	40—100	21.2
120	8.6	40—120	27.1
140	7.6	40—140	33.3
160	6.5	40—160（4速使用時）	23.5
180	5.6	40—180（4速使用時）	28.2
200	4.9	**制動力**	
220	4.0	**初速（km/h）**	**制動距離（m）**
発進加速		60	16.0
速度（km/h）	**時間（秒）**	80	29.8
0—60	3.1	100	46.3
0—80	4.8	120	67.0
0—100	6.6	140	90.5
0—120	9.2	160	117.2
0—140	11.8	180	150.9
0—160	15.7	200	195.8

モータースポーツ Can-Amチャンピオンシップ 1972

優勝者もまた海外組

ヨーロッパでのレースのレギュレーションが変わったため、ポルシェは海外に目を向けた。917Kは実力を試すために、限界を気にすることなく闘うことができるカナディアン・アメリカン・シリーズ目指して、大西洋を渡ったのだ。
1971年の917/20クーペ（600ps）は、車重750kg、4999ccで1000psを発揮する恐るべき12気筒空冷ターボエンジン搭載の917/10となった。事故に遭ったマーク・ドノフーに代わってステアリングを握ったアメリカ人ドライバー、ジョージ・フォルマーは、1972年8月27日、優勝を飾った。エルクハート湖でのことだった。

911カレラRS 2.7 1973

この時点でカレラの名を持つ最後のポルシェは356Cのスペシャルバージョンだったが、特別な意味を持つこのカレラの名が再び使われることになった。1970年代初め、ポルシェはコンペティション・カーを911のバージョンに入れることを決定するのだが、これがカレラRSと呼ばれることになったのである。

グラントゥリズモに参戦するにはホモロゲーション取得に500台のサンプルが必要である——。これがこの当時のグループ4のレギュレーションだった。911カレラRS2.7（Ren Sport）は2687ccの“フラットシックス”を搭載、最大出力210ps／6300rpmを誇った。カレラRSライトウェイトは車重が960kgしかなく、最高時速240km/hを叩き出した。

ダックテール
写真はポルシェ・イタリアのコレクション、911カレラRSツーリング。カレラRSはダックテールとリアの膨らんだフェンダーからすぐにそれとわかる。

最初の500台はわずか3ヵ月で完売し、さらに追加で製作されたが、いずれもあっという間に売り切れた。当然ながら、カレラという名前に魅かれるポルシェ・ファンがたくさんいたのである。

911カレラRS2.7には3バージョンが用意された。最初のタイプはホモロゲーションにプライオリティを置いた、シンプルな、できるかぎりアクセサリー類を排除したタイプで、RSHと呼ばれた。Hはホモロゲーションの意で、クライアントの手に渡ったのはわずか17台だった。

オプションM471（RS Sport）を選ぶと、さらに装備品は少なくなり、カーペットが剥がされ、ドアパネルがシンプルになるなど、ぎ

値段は問題じゃない
大きくなったオイルクーラーはフロントスポイラーの中心あたりに位置する。ツーリングの装備は同時期の911S2.4とよく似ている。1973年、カレラRSの値段はおよそ900万リラ。911Sより150万リラ高くなっている。しかし値段は問題にならないようだった。

ほんの少しの違い
911カレラRS2.7ツーリングのダッシュボードは911S2.4のそれとさほど違わない。唯一の違いはステアリングホイール（4本スポーク／革製）で、サイズがノーマル911の400mmから380mmに縮小した。シートはレカロのスポーツ版スペシャル。

りぎりまでストリップダウンされる。フロントシートにはレカロの軽量バケットシートを装着するが、リアのシートは外され、時計すら見当たらない。

いっぽう、911カレラRS2.7ツーリング（オプションM472）は、ほんの少しでもコンフォート感を味わいたいと考えるユーザー向きに用意された。スポーツより100kg重いツーリングの装備品は、小さくなったステアリングホイール（400mmから380mmへ）以外、911S2.4と同じである。911カレラRS2.7（合計1580台）の存在理由は、つまり、レースに興味のないユーザーをも惹きつけたかったといったところだろう。実際、カレラRSの自慢は911Sにも勝る速さにあった。その違いはボアに表れている。84.0mmから90.0mmに広げられたのだが、これはシリンダーの材質にロードバージョンとしては初めてニカシルを採用したことで可能となったのだ。ちなみにニカシル・シリンダーはタイプ917のエンジンに使われたものだが、耐摩耗性に優れ、馬力の向上にも役立つ。

トランスミッションについては、すでにタイプ915が充分に能力を発揮していたので、ポルシェのメカニックは4速と5速のギア比の変更のみを行なった。

カレラRSと911Sとの相違点はエクステリア・デザインにある。軽量実現のためにボディパネルは構造上、負担の少ない部分（ルーフ／フェンダー／フロントフード）をより薄くし、Sportはバンパー、リアのエンジンフードにFRPが採用された。カレラRSツーリングは911Sと同じバンパーが使われているが、フロントウィンドーなどのガラス類はより薄く（脆く）なった。

しかし、目を引くという意味ではなんといっても、ダックテールと呼ばれるリアのスポイラーと、ホイールとタイアが隠れるよう50mm広げられたリアのフェンダーだろう。タイアは、フロントが他の911同様に

185/70VR15、リアは215/60VR15で、これらがそれぞれ、6J／7Jインチ幅リムに装着された。フロントのスポイラーも他の911とは異なる（ほどなくしてシリーズ全般の標準装備となった）。

911カレラRS2.7のシンボルカラーは白のグランプリ・カラーである。オプションでサイドのストライプ上に大きく「Carrera」と入れることができた。色は赤、緑、ブルーから選ぶことができ、ホイールも同じ色で塗装された。1973年型にこのカラーを施したモデルが多いのだが、文字の色は黒が主流であった。

スポーツカーのアイコン
ダックテール・スポイラー、サイドに入ったカレラの文字、これらはスポーツキャラクターRSのシンボルだ。

下：こうして眺めると、燃料タンク脇に設置されたスペアタイアの様子がよくわかる。

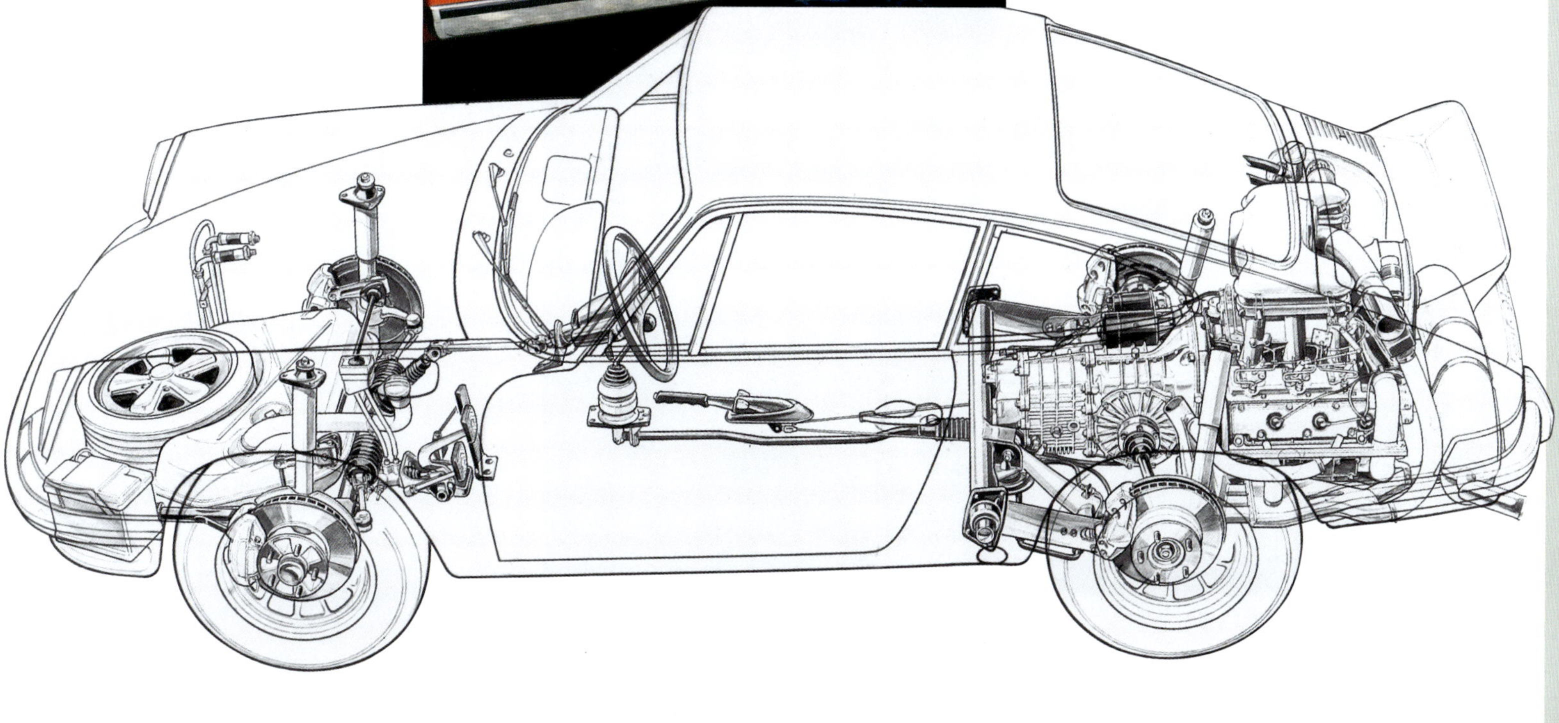

テクニカルデータ

911カレラRS2.7（1973）

【エンジン】＊形式：空冷水平対向4気筒／リア縦置き ＊ボア×ストローク：90.0×70.4mm ＊総排気量：2687cc ＊最高出力：210ps／6300rpm ＊最大トルク：26.0mkg／5100rpm ＊圧縮比8.5：1 ＊タイミングシステム：SHOC／2バルブ ＊燃料供給：インジェクション，ボッシュ

【駆動系統】＊駆動方式：RWD ＊クラッチ：乾式単板 ＊変速機：5段 ＊タイア：（前）185/70VR15 （後）215/60VR15 ＊ホイール：（前）6J×15 （後）7J×15

【シャシー／ボディ】＊形式：モノコック／2ドア・クーペ ＊乗車定員：2名 ＊サスペンション：（前）独立 縦置きトーションバー，油圧式ダンパー，スタビライザー （後）独立 トーションバー，油圧式ダンパー，スタビライザー ＊ブレーキ：ベンチレーテッド・ディスク ＊ステアリング：ラック・ピニオン

【寸法／重量】＊全長×全幅×全高：4147×1652×1320mm ＊ホイールベース：2271mm ＊トレッド：（前）1372mm （後）1394mm ＊車重：1075kg

【性能】＊最高速度：240km/h ＊発進加速（0—100km/h）：26.5秒

スペシャルパーツが乏しくなってきた1973年の春頃、シャシーナンバー1230あたりから、ポルシェはカレラRSにもノーマル・ボディに厚いガラスや、その他、911用パーツを使いはじめる。この時期、カレラRSはさまざまなモディファイを受けている。車重は増えはしたものの、ボディ下全体の錆び止めのような、特徴的なモディファイが行なわれたのだった。

また、車重が増えたことで、排気量をさらに増やす必要があった。こうして1973年の終わり、カレラRS3.0が生まれる。馬力はアップしたが（230ps）、パフォーマンスは変わらなかった。

カレラの2倍
コンペティション用の911 RS2.7の装備はシンプルだ。

右：FRPバンパーのRSスポーツ。リア・クォーターウィンドーのクロームメッキの縁取り、サイドモールディングなど、あらゆる装飾品が排除されている。

上：クラシックな白、グランプリ・ホワイト。RSツーリング。

911カレラRS 2.7 インプレッション

すでに辺りはGPの雰囲気に包まれていた。エマーソン・フィッティパルディが、ドイツからやってきたポルシェ・カレラRSをモンテカルロで受け取ったときのことだ。

このテストは、テストというより（実際、データは掲載されていない）、“通常の”ドライビング・インプレッションにより近い形で行なわれた。

ドライバーはこの年のGTレースで優勝、デイトナ24時間、タルガ・フロ リオのほか、ルマンでは、イタリアで多くのクライアントが納車を待つ、パワフルでスペシャルなクルマを駆って5位に入賞している――と、エマーソン・フィッティパルディをくどくど紹介する必要はないだろう。

試乗はモンテカルロ・ラリーのコースとニースの高速道路で行なわれた。試乗後に行なわれた最初の質問はデザインについてである。「何年か前なら良かった、そんなラインだね。今はあまり好きじゃないな。少し古く感じられる。たぶん、僕自身がイタリアのラインが好きだからだろう。ピニンファリーナやベルトーネが作り出す美しいスポーツカーがね。太くなったタイア、大きくなったスポイラー、

巻頭テスト
1973年7月。『クワトロルオーテ』（当時の値段は800リラ）の表紙はフィアット132。シトロエンGS1220とアルファ・ロメオ・アルファスッドのインプレッションを掲載、1970年代のライダーの星、マイク“ザ・バイク”ヘイルウッド、のちにF1を走った彼がカワサキ900をテストした。エマーソン・フィッティパルディがカレラRSについて語っている。

チャンピオン、
フィッティパルディ

あの時代に流行っていた、もみあげと黄色のパンタロン、若きワールド・チャンピオン（1971年、25歳のときにロータスで獲得。1974年にはマクラーレンで再び獲得）がカレラRSをモンテカルロでテストした。

- デザインは伝統的だが古め
- ドライビングポジションは良い
- 操作類の扱いは簡単
- エンジンは魅力的
- ギアはふつう
- スピードは素晴らしい
- 加速も最高
- ハンドリングも良い
- ブレーキも良い
- 快適性はスポーツカーとしてはふつう

リアのウィングがエクステリアでモディファイされた点だけど、あまり変わってないね。いずれもポルシェのこのクラスのクルマには合わないように思う」

だったらどうしてこんなに成功したんだろう？

「心理的な理由があるんじゃないかな。毎週日曜日、このクルマがラリーやスピードレースで勝ってるでしょ。これが大衆に、このラインこそスポーツカーの象徴であるというイメージを植えつけた」

「室内は何年か前のポルシェのそれだ。操作類は機能的。扱いやすいし、視界もいいけど、ちょっと沈んだ感じがする。911も歳を感じさせるね。シートはちょっと硬い。サイドサポートがないからコーナーでは快適とは言いがたい。ペダル類はドイツの学校みたいにぴしっと整列してる。スポーティなドライビングには向いてるし、ヒール・アンド・トゥをするのも楽だ」

そしてフィッティパルディは、ロードテストのパフォーマンスで最も驚いたのはエンジンだったと続けた。

「本当にすごい、特にパワーがね。アパッショナートが魅かれるのもレースでの成功も理解できる。この“控えめ”なモデルでさえ、ね。普通の道でも同じで、グランプリ前のカオスとも呼べるモンテカルロの道を走ったけど、なんの問題もなかったよ。こういうスポーツカーは珍しい。4500rpm以下ではパワーに乏しい。エンジンは滑らかだけど、何か足りない“空”な感じ。ところが、回転が高くなると、始まるんだ。エンジンが叫ぶ感じだよ。ノイズは独特ですごく個性的。音楽だよ。ポルシェ以外ではフェラーリだけが持っている音楽だ」

限界を試したのち、フィッティパルディはパフォーマンスについて語る。

「カレラは荷重のほとんどをリアに抱えた真のドラッグスターだ。加速は素晴らしい。低速からの追越ではエンジンのことを頭に入れておく必要があるな。4500rpm以下だとパワー不足だってことをね。混んでいたにもかかわらず、アウトストラーダでは240km/hまで出した。このタイプのクルマとしては素晴らしいスピードだと思う」

議論の中心はギア（正確にギアが入りにくいこと）とクラッチ（不充分）だった。誉めたのはステアリング。「正確でダイレクト、戻りもいい。適切な軌道に乗せることができる。ハイスピードでもふらつかない」

ブレーキも同じ評価を得た。「モンテカルロ・ラリーのコースで酷使したけど、フェードするようなことはなかった」 まあまあだったのは快適性。「リジッドでノイジーなクルマ」

最後を締めくくるのは走行性について。「大きな変化があった。フロント・サスペンションのジオメトリー、リミテッド・スリップ・ディファレンシャル（LSD）、タイアのディメンション。これらによってクルマはオーバーステアから、コーナーではなんとアンダーステアになった。注意が必要だね。本当をいうと、ボクもコーナーで一瞬、どきっとするようなことがあったよ」

モータースポーツ タルガ・フローリオ 1973

無敵の11回
1973年5月13日、最後のタルガ・フローリオが開催される。優勝はポルシェで、通算11回目の勝利であった（最高勝利数）。911カレラRSR（3ℓ／330ps）のスポンサーは、マルティニ・レーシング。ステアリングを握ったオランダ人のジジュス・ヴァン・レネップと、スイス人のアルバート・ミューラーは、マドニーユのピッコロ・サーキット（792km）の11周を6時間54分20秒で完走した。6分遅れで2位に入ったのはムナーリ／アンドルスト組のランチア・ストラトスであった。

914 1.8／2.0 1973〜1975

これまでと異なったそのオリジンのせいだろうか、914/6の生産台数は3年でわずか3360台だった。しかし遅れてやってきた名声は、中古のこのクルマの値段を新車のそれに引き上げた。

おそらくこの年の仕上がりが最も良いと言えると思うが、1973年のモデルイヤーは関係者からおおいなる賞賛をもって迎えられ、販売も2万7660台という最高記録を作った。実際、3万台に近い数字がVGの販売目標として掲げられていた。

技術上の問題を解決したことが、このモデルを成功に導いた。たとえば、不正確だったギアは新しいトランスミッション914/12の採用で解決をみたのだが、もっとも効果的だったのは新しい1971ccのエンジンの搭載だろう。これは1.7モデルから流用されたものだが、ストローク（90.0mmから94.0mm）とボア（66.0mmから71.0mm）が変更となっている。なにより914専用のフューエル・インジェクション・システムの存在が大きい。

914は、ヨーロッパ仕様と販売の中心であったアメリカの排ガス規制に対応するモデルの2種類が用意された。外観に変わりはないが、この時代の流行であったマットブラックのバンパーが装着され、室内のステアリングホイール類も黒になった。速度計は250km/hまで刻まれた。

以前の6気筒、1.7と比べると、路上でのパフォーマンスも良くなった。

1974年、1.7のエンジンは1.8に、2.0は1975ccになった。アメリカには1000台が輸出されたが、マルク高のために、1.8が5400ドル、2.0は6050ドルだった。5月には生産台数は10万台に達したが、914は924にとって代わられる運命にあった。924のスタディはすでに1971年から始まっていたのだ。

1975年モデルはフロントの黒いバンパーとアメリカの厳しい排ガス規制に対応するモディファイが特徴だ。1975年から翌76年の冬、販売を妨げることなく徐々に生産台数は減らされ、終わりを告げたが、カタログにはこの年の春まで名前を残した。914の総生産台数は11万5596台、916/6を入れると11万8956台に達した。

流行の黒
外したトップはリアのトランクに収まる仕組み。写真は1.8ℓの北米市場向けモデル。衝撃吸収用の太いダンパーが特徴。

右ページ：2台とも2ℓモデル。

テクニカルデータ

914 2.0（1973）

【エンジン】＊形式：水冷水平対向4気筒／ミドシップ ＊ボア×ストローク：71.0×94.0mm ＊総排気量：1971cc ＊最高出力：100ps（DIN）／4500rpm ＊最大トルク：14.5mkg／3500rpm ＊圧縮比：8.0：1 ＊タイミングシステム：OHV ／2バルブ ＊燃料供給：インジェクション

【駆動系統】＊駆動方式：RWD ＊クラッチ：乾式単板 ＊変速機：5段／フルシンクロ ＊タイア：155SR15

【シャシー／ボディ】＊形式：モノコック／2ドア・クーペ・スパイダー ＊サスペンション：（前）独立 縦置きトーションバー，テレスコピック・ダンパー （後）独立 セミトレーリングアーム／コイル，テレスコピック・ダンパー ＊ブレーキ：（前）ディスク （後）ドラム ＊ステアリング：ラック・ピニオン

【寸法／重量】＊全長×全幅×全高：3980×1650×1200mm ＊ホイールベース：2450mm ＊トレッド：（前）1340mm（後）1390mm ＊車重：950kg

【性能】＊最高速度：196km/h ＊発進加速（0－100km/h）：9.9秒

911 2.7 1974〜1977

アメリカ（特にカリフォルニア）の排ガス規制と安全基準は、ますます厳しくなっていった。このため、ポルシェは911の見直しを余儀なくされる。1973年の終わり、ツッフェンハウゼンはそれまでのT／E／S／RSを、1974年のGシリーズから911（150ps）／911S（175ps）／911カレラ（210ps）とすることに決める。前モデルをそのまま受け継ぐカレラ以外、すべてのポルシェはボッシュのKジェトロニックを搭載、エンジンは2687ccとなった。

新しいシリーズでは衝撃を吸収するラバーベルト付きのバンパーが登場したが、このモディファイによって全体の印象が変わった。オーバーライダーとドア下に取り付けられたカバーベルトがマッシブなバンパーとうまく調和している。シートは新しくハイバックシートが採用された。400mmの4本スポークのステアリングホイールは911と911Sに採用され、カレラは3本スポークとなっている。

メーター類には若干のリスタイリングが見られる。スピードメーターが電子式に、時計はクォーツになった。燃料タンクは金属製となり、容量は80ℓに増えた。911と911SにはATSのホイールが採用されている。

Hシリーズがスタートする1974年9月、遮音が良くなり、カレラはヘッドライトのリムに塗装が施された。スチールホイールは未採用、

より安全に
右：1977年モデルの911 2.7のダッシュボード。中央にエアベントが見える。
左：新しい衝撃吸収バンパー。8km/hまでの衝撃に耐える。

よりモダーンに
初期の911S（サイドミラーがまだクロームメッキ）。このモデルは前の911Eに相当する。ホイールはATS、今では稀少品。

ツーリスティック
初めて911カレラにタルガがお目見えした。伝説のカレラRSエンジンを継承したが、レース向きというわけではなく、実際、車重は増えている。しかしパフォーマンスはいつもながら最高の部類に属する。

オプションでヘッドライト・ウォッシャーが用意された。

翌年（Ｉシリーズ）からすべての911のボディに亜鉛コーティングが施されるようになった。ターボからの流用となる2994cc／200psのエンジンを搭載した911カレラ3.0がデビュー。ベースモデルの911のエンジンは911S（175psから165psにパワーダウンした）からの流用を受け、911Sはカタログから消えた。また、Kジェトロニック噴射システムの冷間始動装置が自動化され、セミオートマチックシステムであるシュポルトマチックはギアが1段減り、3段となった。さらに、911タルガの三角窓に開閉ヒンジが装着され、すべてのモデルでサイドミラーが新しくなり、ボディと同色に塗られた。遮音はさらに向上した。

1976年9月（Jシリーズ）、すべての911がいっそう進化する。この年のタルガは黒いロー

プロテクション

上：すべて亜鉛コーティングを施された911タルガのボディ。1975年終わりから始められた。腐食に対する保証期間は6年。

下：ツッフェンハウゼンの911の製作現場。

ルバーと嵌め殺しの三角窓が特徴である。ダッシュボードの中央にエアベントが設けられ、ドアの開閉システムはドアパネルに組み込まれた丸いボタンのタイプに変わった。ヒーターには温度自動調節機能が備わり、カレラにはブレーキ・サーボが装着された。

ディテール

ボディと同色に塗装されたサイドミラー。光沢のあるロールバーは1976年型の911タルガの特徴。

その差、15馬力

1974年モデル、150psの911クーペの透視イラスト。下は165ps、1976年モデルの911。

テクニカルデータ

911 2.7（1974）

【エンジン】＊形式：空冷水平対向6気筒／リア縦置き ＊ボア×ストローク：90.0×74.4mm ＊総排気量：2687cc ＊最高出力：150ps／5700rpm ＊最大トルク：24.0mkg／3800rpm ＊圧縮比：8.0：1 ＊タイミングシステム：SOHC／2バルブ ＊燃料供給：ボッシュKジェトロニック

【駆動系統】＊駆動方式：RWD ＊クラッチ：乾式単板 ＊変速機：5段 ＊タイア：165HR15 ＊ホイール：5.5／合金

【シャシー／ボディ】形式：モノコック／2ドア・クーペ ＊乗車定員：4名 ＊サスペンション：（前）独立 縦置きトーションバー，油圧式ダンパー，スタビライザー （後）独立 横置きトーションバー，油圧式ダンパー，スタビライザー ＊ブレーキ：ベンチレーテッド・ディスク ＊ステアリング：ラック・ピニオン

【寸法／重量】＊全長×全幅×全高：4291×1610×1320mm ＊ホイールベース：2271mm ＊トレッド：（前）1360mm（後）1342mm ＊車重：1075kg

【性能】＊最高速度：210km/h ＊発進加速（0－100km/h）：8.5秒

911ターボ3.0 1974～1977

ルーツ

911ターボ3.0のルーツは、突出した活躍を続けたレースの世界にある。豪華な装備と手の込んだ仕上げ、高いパフォーマンスを見せるクルマだ。3ℓのターボ付き911を、ポルシェは2880台生産した。

1974年10月の時点において、ターボという言葉はポルシェ・ブランドにとって目新しいものではなかった。2年ほどの間にポルシェはターボチャージャー付きの917がレースで勝利を収め、この分野の先駆者となっていたのだ。

パリ・サロンで初めて911ターボが披露されたとき、大衆の熱狂的でポジティブな反応はバラ色の未来を予感させるものだった。

最初、911ターボ（タイプ930）は“レーシング”色の濃い、スパルタンで軽量なクルマがいいと考えられていた。しかし、豪華でエクスクルーシヴなもののほうがいいのではないかというひらめきが生まれ、このひらめきが優先された。

911ターボの、ホイール（前7J×15／後8J×15）とタイア（前185/70VR15／後215/60VR15）を装着するためにワイドになったボディ、リアのスポイラー、1975年型のカレラのそれを思わせるフロント・スポイラー、その派手なスタイルは、ファンの目を釘づけにした。

排気量2994cc、ボア95.0mm、ストローク70.4mmのターボエンジンは、911カレラRS3.0をベースにしている。KKK製ターボチャージャー“3LDZ”は8万～10万rpmで回り、最大ブースト圧は0.8barである。

排気の熱エネルギーを利用するターボに対

パッション
1975年型911ターボ3.0。初めてシリーズ生産されたポルシェ・ターボチャージャーである。飛び抜けたプライスはノーマルの911の倍以上だった。

テクニカルデータ

911ターボ3.0
(1974)

【エンジン】＊形式：空冷水平対向6気筒／リア縦置き ＊ボア×ストローク：95.0×70.4mm ＊総排気量：2994cc ＊最高出力：260ps／5500rpm ＊最大トルク：35.0mkg／4000rpm ＊圧縮比6.5：1 ＊タイミングシステム：SOHC／2バルブ ＊燃料供給：ボッシュKジェトロニック，ターボチャージャー

【駆動系統】＊駆動方式：RWD ＊クラッチ：乾式単板 ＊変速機：4段 ＊タイア：(前)185/70VR15 (後)215/60VR15 ＊ホイール：(前)7J (後)8J／合金

【シャシー／ボディ】＊形式：モノコック／2ドア・クーペ ＊乗車定員：4名 ＊サスペンション：(前)独立 縦置きトーションバー，油圧式ダンパー，スタビライザー (後)独立 横置きトーションバー，油圧式ダンパー，スタビライザー ＊ブレーキ：ベンチレーテッド・ディスク ＊ステアリング：ラック・ピニオン

【寸法／重量】＊全長×全幅×全高：4291×1775×1320mm ＊ホイールベース：2272mm ＊トレッド：(前)1432mm (後)1501mm ＊車重：1140kg

【性能】＊最高速度：250km/h ＊発進加速(0−100km/h)：5.5秒

6気筒
3ℓターボチャージャー付き911ターボ。最高出力260ps／5500rpm。最大トルク343Nm／4000rpm。

応するため、当然ながらエグゾースト・システムは再設計された。ターボはインタークーラーとマフラーの間にあったが、このマフラーのサイズはノンターボの911より小さくなった。これはスペースの問題とターボの存在のためで、実際、911ターボはノンターボの911より静粛だ。

エンジンブロックは軽合金、ピストンはアルミ製、シリンダーはニカシル、吸気バルブには耐熱性に富んだ材質が使用される一方で、排気系にはナトリウムが封入された。

圧縮比はノンターボの8.5：1から6.5：1になったが、最大ブースト時の理論圧縮比は11.7：1である。これにより、ターボモデルにレギュラー・ガソリンを使うことはできず、オクタン価96以上のスーパーのみが使用可能となった。インジェクションはKジェトロニックである。

トランスミッションもまったく新しく設計された。最大トルク35.0mkg／4000rpm、この大トルクに耐える頑丈なものが求められたのだ。4段のギアについてはさまざまな声が上がったが、ポルシェはターボのもたらす大トルクがあるのだから4段で充分であると主張した。

260psの911ターボ3.0は、軽量で空力に富んだ210psの911カレラ2.7とさほど大きな違いがあるわけではない。膨らんだフェンダーと派手なスポイラーによって直進性が90％も向上したが、逆に空力係数はわずかながら悪

化した。また、ターボと豪華な装備類によって車重は増えている。

それでも911ターボはあっという間に崇拝されるようになり、生産ラインの見直しを余儀なくされるほど注文が殺到した。当初、ポルシェは生産台数500台と見込んでいたのだが、倍の1000台を生産することになったのだ。この値段にもかかわらず——である。1975年5月、『クワトロルオーテ』の価格表に登場したこのクルマの値段は、2200万リラ（正確には2198万3000リラ）で、911 2.7の値段は1100万リラ強だった。

マッシブ
フェンダーの膨らみによって、911ターボ3.0は前／後＝1372mm／1354mm（2.7クーペ）から1432mm／1501mmに。「ワイド・ボディ」、エンスージアストの間ではこう呼ばれた。
1976年10月、白のボディ（グランプリ・ホワイト）のオーダーが始まった。オプションM42にはポルシェのレースのスポンサー、マルティニのカラーも含まれていた。

直進安定性

1975年型911カレラ2.7から流用されたフロントとリアのスポイラーによって、ハイスピード時の直進安定性が向上した。

モータースポーツ グループ5 1976

2度のチャンピオン

1976年に獲得したふたつの世界タイトルを記念したポスター。936と935がそれぞれグループ6とグループ5を制覇した。2806cc、空冷6気筒ターボ、590ps。写真はマンフレート・シュルティ／ロルフ・シュトレメン組のワトキンス・グレンでのビクトリー。

912 E 1975〜1976

テクニカルデータ

912E（1975）

【エンジン】＊形式：空冷水平対向4気筒／リア縦置き ＊ボア×ストローク：94.0×71.1mm ＊総排気量：1971cc ＊最高出力：90ps／4900rpm ＊最大トルク：14.0mkg／4000rpm ＊圧縮比：7.6：1 ＊タイミングシステム：SOHC／2バルブ ＊燃料供給：ボッシュLジェトロニック

【駆動系統】＊駆動方式：RWD ＊クラッチ：乾式単板 ＊変速機：5段 ＊タイア：165HR15 ＊ホイール：5.5／合金

【シャシー／ボディ】＊形式：モノコック/2ドア・クーペ ＊乗車定員：4名 ＊サスペンション：(前)独立 縦置きトーションバー，油圧式ダンパー，スタビライザー (後)独立 横置きトーションバー，油圧式ダンパー ＊ブレーキ：ディスク ＊ステアリング：ラック・ピニオン

【寸法／重量】＊全長×全幅×全高：4291×1610×1320mm ＊ホイールベース：2271mm ＊トレッド：(前)1360mm (後)1330mm ＊車重：1160kg

【性能】＊最高速度：180km/h

1975年9月、4気筒のポルシェ912が北米市場限定のモデル（1976年モデル）としてデビューする。この驚きのデビューの理由は、914から924に移行するブランクを何もすることなく指をくわえて眺めているわけにはいかない、ということだった。というのも、ポルシェは最後の914の販売が終了するのは1976年初めと読んでいたのだが、アメリカ向けの924はこの年の9月以前には用意できないことが判明したのだ。そこで、空白期間を埋めるために4気筒の、なじみはあってもすでに古くなってしまった古い912、かつて販売が好調だったこのクルマを再び掘り起こすことにしたわけである。

2世代目の912のエンジンは914から流用されたフォルクスワーゲンの1971cc、空冷のそれを見直したものだが、ポルシェとしてはとても特異なキャラクターを持っていた。

燃料噴射システムはボッシュのLジェトロニック（1974年から914 1.8に採用されたのと同じシステム）で、最大出力は90ps／4900rpmを発生する。小さなポルシェを感じるには充分で、5速で時速180km/h、ミニチュア版ながら、911のような本家のポルシェと同じエモーションを提供した。しかし、他の部分ではやはり少し劣り、価格とのバランスがとれていたと言えるだろう。その価格は911Sより

3000ドル安く設定されていた（911ターボと比較すると、なんと1万5000ドルも安くなっている）。

値段以外では、911と912Eは装備類や室内同様、シンプルなエクステリアにもさしたる違いは見られない。912のアンチロールバーはフロントのみに装着され、ディスクブレーキはベンチレーテッドではない。標準装備のホイールは合金、オプションでフックス製の鋳造14インチ・ホイール（15インチではなく）を選ぶことができた。

コスト削減はメーター類に顕著に表れている。油圧計とオイルレベル・インジケーターが姿を消したが、後者についていえば、911のようなドライサンプではなく、通常のタイプだったため必要なかった。仕上げも使われた素材も、典型的なこの時代のポルシェのそれだったことが、ユーザーにポルシェを所有しえた実感を与えたのだった。

912Eはステアリング、クラッチ、ブレーキがいずれも911より軽くなっている。サスペンションはよりソフトでコンフォート感が高く、質の良さを感じさせる。ヨーロッパでの販売も検討されたが、BMWやメルセデスと比べるとブランドイメージを維持することはできないという結論に達し、販売は実現しなかった。

プロフィール
912E（2099台生産されたうちの1台）。デザイン的には911とかけ離れているわけではないが、ホイール（とエンジンフードのスクリプト）は異なる。おもな違いは技術的な部分にあった。

924 1975〜1977

時代の転換を告げたクルマ、924。ポルシェ初の水冷4気筒FRは、のちの928を導く新しい道を切り開く運命にあった。1973年のオイルショック後、ツッフェンハウゼンは「前向きな休息」的な意図のもと、このクルマを歴史のなかに組み入れたのだ。

924が投入されたのはゴージャスなスポーツカーの存在が難しくなっているときだった。VWグループとの協力のもとに生まれた“コラボレーション”の914に代わるクルマとして924は誕生した。実際、VGは914の販売が始まり、2社の（良好な）関係が築かれた時点で、すでに924のことを考えはじめていた。

当然、924には容量のあるトランクやゆったりとしたスペースが求められた。なにより生産台数が多く、コストが低かった914よりさらにたくさんのVWのコンポーネンツを使わなければならなかった。

ドイツマルクが世界市場で強い時期にあっては、設計段階ですでに最終的な価格を考慮しておく必要があった。もうひとつ924には、ポルシェの昔からのファンと、まったくこれまでとは違う方向に進むように見えるニューモデルの間の架け橋になるという、重要な使命が与えられていた。

1971年から翌72年にかけて、マーケティング部門の考えや希望に、設計部門の人間がずいぶん影響を受けたのだろう。つまり情熱より計算、のような——。いずれにしてもさまざまな可能性を模索するうち、フロントエンジンで、トランスアクスル構造のRWDという結論に達した。ポルシェという名前を持っている以上、放棄することができないのは4輪独立のサスペンションだった。フロントは伝統

エレガント
「ぎょっとすることのないスタイル」、1978年7月のクワトロルオーテは924についてこう記している。下がそのときの写真だ。「清潔で空力に富んだライン」 風洞実験も行なった（右上）。924のサイズはアルファ・ロメオ・アルフェッタGTクーペとほぼ同じで、4.20×1.68m。車高は少し低い（アルフェッタの1.33mに対して924は1.27m）。

QUATTRORUOTE ROAD TEST

最高速度	km/h
	197.150
燃費（5速コンスタント）	
速度（km/h）	km/ℓ
60	16.7
80	15.4
100	13.8
120	12.0
140	10.3
発進加速	
速度（km/h）	時間（秒）
0ー60	3.8
0ー80	6.0
0ー100	9.4
0ー120	13.4
0ー140	18.2
停止ー400m	16.3
停止ー1km	30.3
追越加速（5速使用時）	
速度（km/h）	時間（秒）
40ー80	10.2
40ー100	16.3
40ー120	22.6
40ー140	30.5

賛成か反対か
クワトロルオーテによれば、燃費、スポーツカーとしての性能、仕上げが長所。反対に騒々しいトランスミッション、シフトの不正確さ、狭いリア、高い値段が短所。ギアボックスは5段がオプションで用意されたが、1978年からオートマチックもお目見えした。標準は4段。

快適な前席、
窮屈な後部席

以下は、クワトロルオーテによる評価。
ダッシュボードはよく仕上がっている。ドライバーには“まじめな”姿勢が要求される。操作類も整然としていて扱いやすい。レブカウンター、燃料計、トリップメーターは見やすく、電圧計と油圧計、時計はシフト上、中央に並んでいる。
ドイツのコンポーネンツの質の高さはクアトロルオーテにとっては驚きであった。
フロントシートは快適だが、リアは快適とは言いがたい。

的（マクファーソン）、リアはよりソフトなトーションバー付きセミトレーリングアームである。

いっぽう、伝統的でなかったのは責任の分担で、通常はプロジェクト・チーフが次々と出てくるトラブルに対処し、（高いポジションのレベルの）マネージャーが重要な決定を下すのだが、924の場合、エンジニアのヨーケン・フロインドが開発とテスト部門のチーフを兼ね、1958年からポルシェで働き、1971年からは実験部門を率いたポール・ヘンスレーがこのクルマの“生みの親”となった。

924は4気筒1894ccで、アウディ-フォルクスワーゲンがエンジンを提供し、ポルシェがスポーティな味つけを施した。

すべての面で“メイド・イン・ポルシェ”であったのは、アナトール・ラピーヌがチーフを務めるスタイリング・センターが手掛けたエクステリアデザインだ。ニューモデルは姉妹車である928とファミリー・フィーリングを持つことが課せられたが、かといって928を考えるあまりこのクルマの影が薄くなることは、もちろん避けなければならなかった。同時に356から始まったすべてのポルシェに共通する丸みを持たせることも重要で、イタリアのスポーツカーと似ないようにすることも注意しなければならなかった。

924のラインを造りだしたのはオランダ人のハーム・ラガーイである。すっきりとした

アウディ-VW4気筒

924のエンジンは2ℓ（比出力63ps/ℓ）、生産はVW。ブレーキはフロントのみディスク。

硬質

トランスアクスルは、フロントのエンジンとリアのクラッチーギアーディファレンシャルが硬質の管の中に入ったシャフトによって繋がれたもの。サスペンションは4輪独立。ステアリング形式はラック・ピニオン。

エアロダイナミクスに富んだ「まさにドイツのライン。おそらく、ちょっと冷たさを感じさせるが、エレガントであることに変わりはない」。1978年の7月にテストを行なったクワトロルオーテの言葉だ。ちなみに924のデビューから2年後、1976年型が登場した年は、フェルディナント・ポルシェ没後25年目にあたる。

スタイル面での特徴は、後方の大部分を占めるワイパー付きの広いリアウィンドーだろう。ここを開けるとトランクにアクセスするが、トランクはむしろ小さくなっている（300ℓ）。フロントはリトラクタブルのライトとポリウレタンのバンパーが装着されたエアロダイナミクスに富んだスタイルである。ドライビング・ポジションは“オールドファッション”、すなわち手をぴんと伸ばす位置に設定されている。ひと昔前のスポーツカーを思わせるが、これは走行性についても同じで、クワトロルオーテは、「低速から中速ではニュートラルだが、コーナーの出口では常にオーバーステアになって、濡れた路面ではコントロールが厄介」と評している。

登場から1年後、標準装備の4段ギアボックスが5段となり、燃費が向上した。そしてストーリーは続く——。

テクニカルデータ

924（1976）

【エンジン】＊形式：水冷直列4気筒／フロント ＊ボア×ストローク：86.5×84.4mm ＊総排気量：1984cc ＊最高出力：125ps（DIN）／5800rpm ＊最大トルク：16.8mkg（DIN）／3500rpm ＊圧縮比：9.3：1 ＊タイミングシステム：SOHC／2バルブ ＊燃料供給：ボッシュKジェトロニック

【駆動系統】＊駆動方式：RWD ＊クラッチ：乾式単板 ＊変速機：4段（オプション：5段／自動） ＊タイア：165HR14／185/70HR14

【シャシー／ボディ】＊形式：モノコック／クーペ ＊乗車定員：4名（2+2） ＊サスペンション：（前）独立 マクファーソン・ストラット／コイル，テレスコピック・ダンパー （後）独立 セミトレーリングアーム／横置きトーションバー，テレスコピック・ダンパー ＊ブレーキ：（前）ディスク（後）ドラム ＊ステアリング：ラック・ピニオン

【寸法／重量】＊全長×全幅×全高：4440×1830×1310mm ＊ホイールベース：2500mm ＊トレッド：（前）1550mm（後）1530mm ＊車重：1450kg

928 1977～1982

後ろ姿もいい
このクルマのもっとも特徴的な姿。928は1977年のジュネーヴ・ショーでデビューした。広いリアウィンドーとそこに装着されたワイパーが目立つリアのテールの素材は、ボディと同色に塗装されたプラスチック製でバンパーの役目を果たす。

ネガティブなことがすべて悪いほうに作用するとは限らない――。928のストーリーはこのことを教えてくれる。

このクルマの誕生は偶然、こう言えるだろう。1971年10月、ポルシェは悲劇に見舞われていた。クルト・ルッツの跡を継いだルドルフ・ライディング率いるフォルクスワーゲンが、タイプ1966のプロジェクトをキャンセルする。給料を払わなくてはならない人間を前にして仕事がないという状況を想像するのはたやすいことではないが、しかしこの事態はどこからの拘束もなく、完全で絶対的で決定的なポルシェをゼロから“創り出す”ことができるということを意味していた。

こうして、1974年型の911がモディファイを受ける脇で、スタイリングからエンジンから、最後の最後のディテールまで、すべてに細かく手を入れた、(何よりもアメリカの) 少数の富裕層向けに最新技術を持ちながらも、楽しくハイパフォーマンスな (240ps／最高時速230km/h) クルマが造られたのだった。

スタイリングのディテール
1971年の終わりから始まった928のプロジェクトは、1973年初めにラインの最終案が固まった。デザインを手掛けたスタイリングセンターのアナトール・ラピーヌはシャイな完璧主義者のドイツ人。東ドイツのヴォルフガング・モビウス出身。

あまりに完璧

クワトロルオーテは1978年12月号でカー・オブ・ザ・イヤーに選ばれた928の試乗記を掲載。評価は素晴らしく高かった。唯一、悪かったのは、前が見えにくい点とリアのスペース。4kmにわたって計測された最高速度はポルシェが発表した数値(230km/h)よりわずかに劣るものだった。

室内は完璧で(革仕様はオプション)、ラインについては語る必要がない。素晴らしいのひとこと。

QUATTRORUOTE ROAD TEST

最高速度	km/h
	218.970
燃費(5速コンスタント)	
速度(km/h)	km/ℓ
60	11.3
80	10.7
100	9.0
120	7.8
140	6.7
150	6.0
160	——
発進加速	
速度(km/h)	時間(秒)
停止ー400m	15.2
停止ー1km	28.0
制動力(5速)	時間(秒)
1km—30km/h	35.7

このクルマの構想を立てたのは24時間耐久レース、ルマンを指揮したベテランのヘルムート・フレグル率いるポルシェ・スタジオである。ツッフェンハウゼンで造られたすべてのクルマの伝統を放棄し(当然914も含まれる)、初めての水冷8気筒フロントエンジン/リアドライブの、"本当の"ポルシェを創るというこの構想は、ポルシェ・ファンでも、そうでなくてもよだれが出るようなものだった。

ごちそうは、しかし1977年3月のジュネーヴ・ショーを待たなければならなかったが、

V型8気筒

928のエンジンはブロックがアルミ製、シリンダーは16％のケイ素を含む軽合金レイノルズ、シリンダー・ピストンはクロームメッキ。

ニューテクノロジー

928の革新的なテクノロジー。フロントエンジン、ディファレンシャル・ギアボックス（トランスアクスル）、4輪独立サスペンション、リアはヴァイザッハ・アクスル。荷重バランスも最高（50：50）。

ショーでの928はまさにスターだった。ちなみに、3400万リラのこのクルマを、イタリアのポルシェ・ファンは1978年モデルまで待たなければならなかった。

排気量4.5ℓの928はベストセラーではなかったが、この年の12月号でクワトロルオーテが記したように「豪華さだけが売り物ではない」、いずれすべての“ノーマル”なモデルにも搭載される運命にある技術のリサーチを目的としていた。

スタイリングセンターのチーフ、アナトール・ラピーヌは、ポルシェの伝統である飽きのこないシンプルでクラシックながら特徴のあるラインを、エクステリアに選んだ。928は堂々とした“ファストバック”クーペで、丸みのあるスタイルだ。サイドの長いウィンドーが特徴の、リアが魅力的なクルマである。テールは塗装の施されたプラスチック製で、バンパーの役目を果たす。

エクステリアのラインはインテリアにおおいに影響を及ぼしている。フロントシートは文句なく素晴らしいが、リアが犠牲になっていることは否めず、ふたりがゆったり座ることは望めない。背もたれが“敬礼”したように直角となったのは、後ろに置かれたラゲッジスペース（やっとのことで確保したが容量は200ℓのみ）のためだ。しかし、フロントシートはまさに王様のような座り心地で、クワトロルオーテの言葉を借りれば、ドライビングポジションも「非常によく考えられている」。唯一、残念なのはシートの高さ調節機能が欠けていることだろう（オプションで用意されているが、値段がとても高い）。

テクニカルデータ

928（1977）

【エンジン】＊形式：水冷90度V型8気筒／フロント ＊ボア×ストローク：95.0×78.9mm ＊総排気量：4474cc ＊最高出力：240ps（DIN）／5500rpm ＊最大トルク：37.2mkg（DIN）／3600rpm ＊圧縮比8.5：1 ＊タイミングシステム：SOHC／2バルブ／ベルト ＊燃料供給：ボッシュKジェトロニック

【駆動系統】＊駆動形式：RWD ＊クラッチ：乾式単板 ＊変速機：5段／フルシンクロ ＊タイア：255/50VR16

【シャシー／ボディ】＊形式：モノコック／クーペ ＊乗車定員：4名（2＋2） ＊サスペンション：（前）独立 トレーリングアーム／コイル，油圧式復動ダンパー，スタビライザー （後）独立 トレーリングアーム／コイル，油圧式復動ダンパー，スタビライザー ＊ブレーキ：ベンチレーテッド・ディスク／サーボ ＊ステアリング：ラック・ピニオン（パワーアシスト）

【寸法／重量】＊全長×全幅×全高：4440×1830×1310mm ＊ホイールベース：2500mm ＊トレッド：（前）1550mm （後）1530mm ＊車重：1450kg

ゴージャス

右：ツッフェンハウゼンの職人が928のコンソールをカバーしているところ。フィアットX1/9スペシャル・スパイダーが450万リラの時代に、何から何まで高品質の928の値段は3000万リラだった。

下：1980年、最高出力を維持したまま、回転数が5500rpmから5250rpmに変更された。

パセンジャーを柔らかく取り囲むようなスタイルのダッシュボードもパーフェクトだ。計器の数値類を読みやすくするように、ステアリングホイールと一緒にインストルメントパネルが動く仕組みになっている。

928を運転するには、しかし、背が高いほうがいい。1m80cm以上は欲しいところだ。でないと、フロントフードが長いぶん、視界を確保するのが難しいからである。といっても、928は渋滞の中にあってもドライビングが楽しい、日常の足に使えるクルマで、このクルマが持つ欠点はステアリングを握ったとたんに帳消しになる。

速いクルマはたくさんあるが、ハイパフォーマンスと結びついたものはそうそうあるわけではない。

「このクルマの振る舞いはエキスパートでなくても理解することができる。928はよりたやすく（安全性も高い）、日常的にフツウのクルマとして運転できるのだ」

馬力、柔軟性、エンジンの静粛性、加速は文句なく、ギアシフト、ブレーキ、ハンドリングはトップクラスだ。

ポルシェの願いどおり、928は新しいクライアントをもたらした。このクルマを買った5人のうち3人までが、ポルシェを初めて購入した人々だった。

モータースポーツ ルマン24時間耐久 1977

ルノー・ターボとの戦い
936（6気筒2142cc／ツインターボKKK／540ps）はトレッドが40mm広くなっている。1977年6月11～12日、手に汗握るレース展開ののち、ユルゲン・バルト／ハルレー・ヘイウッド／ジャッキー・イクス組は伝説のサーキットで、前年に続き、アルピーヌ・ルノーを押さえてポルシェを優勝に導いた。

911 SC 1977〜1983

スーパー・カレラ
エレガントな1982年型の911SCタルガ（生産は1981年9月から）。ATSの黒い軽合金ホイールは標準装備。

1977年の終わり、モデルイヤーの変わり目を狙って新しい911が登場した。911／911S／カレラ3.0がひとつになったSC（Super Carrera）というモデルである。

エンジンはデチューンされた2994cc（180ps）のタイプ930、リアフェンダーとタイアはカレラ3.0から流用された。アンチロールバーはフロントが20mm、リアが18mm。リアのトーションバーの直径は変更され、23mmから24mmとなった。クラッチペダルには重さ軽減用に新しくバネが挿入され、低回転時の騒音を減らすためディスクハブにラバーが組み込まれた。レブカウンターは7000rpmまで数字が刻まれ、クーペのリア・クォーターウィンドーは嵌め殺しである。冷却ファンは外径226mmの11枚プレートになった。

1979年のモデルイヤーにはさしたる変更は見られないが、翌年は少し状況が変わる。センターコンソールとヘッドライトウォッシャーが標準装備になり、セミオートマチックシステムのシュポルトマチックがなくなった。クラッチペダルが軽くなり、5段ギアボックスの5速だけ、レシオが変わった。そのほか、ディストリビューターのチェーンの締め具の見直しが図られている。インテーク径は34mmに、エグゾースト径は35mmになり、最高出力は188psに達した。

また、アメリカ市場向けに408台のみ、ポルシェは911SCのスペシャルモデル、ヴァイザッハ（オプションM439）を用意した。

1981年モデルは馬力が204psまでアップされたが、トルクは据え置きである。シートはツイード生地でカバーされている。ボッシュ

ヘッドライトウォッシャー
911SCのラインはカレラ3.0同様、リアフェンダーの幅が広く、全体的にすっきりとしたラインを持つ。このタイプ（1982年モデル）のホイールは16インチのフックス（一番上の写真）で、オプション。ヘッドライトウォッシャー（バンパーから水が噴霧される）は1980年から採用された。

ルーフ取り外し手順
911SCタルガのルーフの外し方。外したルーフは、前モデルと同様、畳んでトランクに収めることができる。

右上：1980年から採用になったツイード製のシート（1981年モデル）。

右下：カブリオレが登場した1982年まで活躍したクーペとタルガ。双方ともホイールは15インチのフックス。

のKジェトロニック噴射システムが採用され、エアフィルター・ボックスに影響を与えていたスターターが変更されている。5段ギアボックスの5速のみ、再びローギアード化された。フロントフェンダーにサイドウィンカーが付けられ、錆止めの保証が7年になった。

1982年モデル（1981年9月）は、オルタネーターが新しいタイプになり、1050Wまで供給可能となる。初めてオプションの装着品リストが車輌IDプレートに刻まれ、軽合金のATSホイールは中央部分が黒に塗装された。ポルシェ社創設50年を記念して“フェリー・ポルシェ”モデル（200台生産）が登場したのもこの年だった。

1981年9月のフランクフルト・モーターショーにスタディモデルである911の四輪駆動のカブリオレ・モデルが出品され、翌82年のジュネーヴ・ショーには911カブリオレとなって登場した。

オリジナルへの信頼

911SCの透視図。多くのモディファイが行なわれたものの、レイアウトはオリジナルの911と同じ。

下：“フラットシックス”と職人。

美しいエンジン

右：911SCのエンジン。最も目につくベルトは、排ガスを減らすための二次エア供給用ポンプを駆動する。

テクニカルデータ

911SC（1977）

【エンジン】＊形式：空冷水平対向6気筒／リア縦置き ＊ボア×ストローク：95.0×70.4mm ＊総排気量：2994cc ＊最高出力：180ps／5500rpm ＊最大トルク：27.1mkg／4200rpm ＊圧縮比：8.5：1 ＊タイミングシステム：SOHC／2バルブ ＊燃料供給：ボッシュKジェトロニック

【駆動系統】＊駆動方式：RWD ＊クラッチ：乾式単板 ＊変速機：5段 ＊タイア：（前）185/70VR15 （後）215/60VR15 ＊ホイール：（前）6J （後）7J

【シャシー／ボディ】＊形式：モノコック／2ドア・クーペ ＊乗車定員：4名 ＊サスペンション：（前）独立 縦置きトーションバー，油圧式ダンパー，スタビライザー （後）独立 横置きトーションバー，油圧式ダンパー，スタビライザー ＊ブレーキ：ベンチレーテッド・ディスク ＊ステアリング：ラック・ピニオン

【寸法／重量】＊全長×全幅×全高：4291×1652×1320mm ＊ホイールベース：2272mm ＊トレッド：（前）1369mm （後）1379mm ＊車重：1160kg

【性能】＊最高速度：225km/h ＊発進加速（0−100km/h）：7.0秒

この年の9月、すべてのモデルに新しいカラーを揃え、室内が一新された。シートベルトはリアシートにも装備され、リアウィンドーには熱線デフロスターも用意された。4スピーカーのオーディオが標準装備となり、ブラウプンクト・モンテレーのオーディオがオプションで登場している。また前6J×16、後7J×16のホイールに205/55VR16と225/50VR16（すでに1979年モデルよりスタート）のタイアが装着された。

1982年の10月、幌が手動で開閉する911SCカブリオレの生産が始まる。このクルマのリアウィンドーはプラスチック製であった。

タルガ最後の日々
1983年のニュースは911カブリオレの登場だった。スタート時の生産台数がすでにタルガの倍。こうしてタルガはフェードアウトしたのだった。

モータースポーツ ルマン24時間耐久 1982

納得のデビュー

グループCのニュー・ポルシェ、タイプ956（6気筒ツインターボ／2649cc／630ps）が1982年6月19～20日に行なわれたルマンにデビュー。1―2―3の順番でスタートし、同じ順番でゴールした。第1位から3位までを独占したのである。ナンバー1のドライバーはジャッキー・イクスとデレック・ベル。

下：優勝を祝うポスター。

911 SC 3.0カブリオレ インプレッション

発見のスリー・カード

「1000リラで30km走る」1983年6月の『クワトロルオーテ』の表紙を飾ったフィアット・ウーノ・ディーゼルのテスト結果だ。ヨーロッパ・ラリーのチャンピオン、アントネッラ・マンデッリによるタルボ・サンバ・カブリオレのテスト、F1ドライバー、ミケーレ・アルボレートによるピニンファリーナ・スパイダー・ヨーロッパ・ヴォルメックスと、このページの主人公たるポルシェ911SCカブリオレの試乗記。

1960年代のリバイバル、5000万リラの夢（クワトロルオーテ誌が2500リラの時代）、興味のない人間にとっては過去のクルマ、それでも今でも“本当の”ポルシェ——。

「わずかな人間だけが正しい扱いを知っている」、911SCカブリオレの路上テストが始まった。「さらにわずかな人間だけが限界に触れることができる200psのこのクルマは、しかしアルボレートにかかるとまるでおもちゃのようだった」

F1ドライバー（1984年にエンツォ・フェラーリに雇われた）の、テスト直後の声を聞いてみよう。

「エンジンは素晴らしくいい。911は、しかし、すぐに信頼を与えるタイプのクルマではない。よく研究しなきゃだめだ。このクルマと仲良くなるのは簡単なことではないからね。“オールドスタイル”の振る舞いは、特に最初はドライバーをまごつかせる。驚いたのはパワーよりトルクだ。低回転ですでに驚きを感じるが、3500rpmからはその有無を言わせぬさまは本格的になる。最も難しいのはステアリングの動きを掴むこと。そして加速。考えなしにスロットルを開けると厄介なことになる。あっという間にテールが“逃げ出し”、元に戻すのが難しくなるんだ。エキスパートにとってあらゆることが満足の種になるのは、クルマが一流だからだろう。ギアボックスも変わってる。少し古いかな。入りやすいけれど、慣れと正確さを要求される。クラッチペダルは非常にヘン。最初は重いのに、終わり3分の1あたりからソフトになる。パフォーマンスはすごくいいと思った。計測結果はどう？」

素晴らしい結果を出していた（詳しくは表を参照）。いっぽう、アルボレートは「少し変な」ところを指摘する。

「ステアリングは1980年代のスポーツカーを思わせる。すごく重いのに、ハイスピードになるといきなり軽くなる。正確だけど、優秀なパワーステアリングがあるといいね。ブレーキはどうだろう。うん、パワフルだ。限界で踏んでも乗り手を見捨てるようなことがない。フロントはブロックするのがちょっと早すぎるかな。レーシングカーのブレーキを思い出したよ」

アルボレートによれば、サスペンションは「ソフトになったとはいえ、まさにスポーツカーのそれで、むしろまだ硬めだ。なめらかな道なら問題ないが、それでも他のクーペのほうが快適には違いない。ロングドライブでは硬さとスポーツカーのサウンドが好きな人はいいだろうけど、快適性を求める人はちょっとがっかりするかもしれない」。

最後に、直進安定性について言及しておかなければならないだろう。

「間違いなくポルシェだけど、キャラクターは独特。ここ何年か、ポルシェは雨のときはエキスパートをも悩ませたオーバーステアを減らそうとしていたようだけど、良くなったみたいだね。最初はアンダーステアな感じさえした。フルにステアリングを切っても軌道に乗せるのが難しいくらいだった。反対にスロットルを意識的に踏むとテールをコーナーの外側に放り出すみたいな、パワフルなボクサーエンジンを感じる。ドライバーはデリケートでないとだめだな。でも全体的には楽しいクルマだ。ボクは好きだな。20年たってもファンを喜ばせるなんて素晴らしいじゃないか」

PERFORMANCES

最高速度

	km/h
	235.950

燃費(5速コンスタント)

速度(km/h)	km/ℓ
70	12.9
80	12.8
100	11.4
120	10.0
140	8.6

発進加速

速度(km/h)	時間(秒)
0—60	2.5
0—80	4.1
0—100	5.6
0—120	7.9
0—140	10.4
0—160	13.8
0—180	17.9

停止—400m	13.9
停止—1km	25.5

追越加速(5速使用時)

速度(km/h)	時間(秒)
70—80	2.6
70—100	7.7
70—120	13.1
70—140	18.8
70—160	24.0
70—180	29.7

制動力

初速(km/h)	制動距離(m)
60	16.9
80	30.1
100	47.0
120	67.8
140	92.2
160	——

テストドライバー

ミケーレ・アルボレートによって911SCカブリオレはようやく限界までその力を発揮することができた。このクルマを“正しく”運転できるドライバーはそうたくさんはいない。

ビッツォラ・ティチノのテストコースで行なわれた試乗では、とりわけパフォーマンスの評価が高かった。曰く、エンジンもいい、燃費もスポーツカーとしてはなかなか、ドライビングはきびきびしているが難しい、インテリアは少し古い、ドライビングポジションは快適とは言いがたい。

911ターボ3.3 1977〜1989

1974年9月から3年間、911の3ℓターボエンジンはたいした変更を受けなかったのだが、1977年8月にパワーアップした。排気量が2994ccから3299ccになったエンジンは、インタークーラーが与えられ、最高出力300ps／5500rpm、最大トルク42.0mkg／4000rpmを発揮した。

インタークーラーはコンプレッサーとエンジンの中間に位置し、リアスポイラーの下に置かれた。低速走行時でもクーリング冷却ファンが、空気の温度を50℃以上下げるインタークーラーを通して吸入するため、エンジン

テクニカルデータ

911ターボ3.3 (1977)

【エンジン】＊形式：空冷水平対向6気筒／リア縦置き ＊ボア×ストローク：97.0×74.4mm ＊総排気量：3299cc ＊最高出力：300ps／5500rpm ＊最大トルク：42.0mkg／4000rpm ＊圧縮比：7.0：1 ＊タイミングシステム：SOHC／2バルブ ＊燃料供給：ボッシュKジェトロニック，ターボチャージャー

【駆動系統】＊駆動方式：RWD ＊変速機：5段 ＊タイア：205/55VR16／225/50VR16 ＊ホイール：(前) 7J (後) 8J

【シャシー／ボディ】＊形式：2ドア・クーペ ＊乗車定員：4名

【寸法／重量】＊全長×全幅×全高：4291×1775×1310mm ＊ホイールベース：2272mm ＊トレッド：(前) 1432mm (後) 1501mm ＊車重：1300kg

【性能】＊最高速度：260km/h ＊発進加速 (0−100km/h)：5.4秒

派手なリアスポイラー
タイプ930/60のエンジンは1978年モデルで登場した。

下：1980年モデルのエンジンはツイン・エグゾースト・パイプとインタークーラー (冷却ファンの上) が特徴。

左：大きなリアウィングが装着されたポルシェのニュースポーツカー。新しさはエクステリアに。

の充填効率が高まった。

1980年には、ターボチャージャー付き水平対向エンジンはツイン・エグゾースト・タイプとなり、1983年には、厳しくなる大気汚染対策基準に従うため、汚染物質の放出を減らす対策がとられ、トルクの発生回転数はそのままで43.0mkgまで上がった。

911ターボの生産は1989年まで続いた。

エンジンと室内

クワトロルオーテは1988年4月号にカブリオレ（上）の試乗記を掲載。

左：1987年型のタルガ。この時期、911ノンターボ・ボディにターボルックが登場した。

924ターボ/カレラGT 1978〜1984

ポルシェ社の懸命な努力と、実際、5段ギアボックスの採用など技術的改良があったにもかかわらず、924が他のポルシェのような人気を獲得することはできなかった。そのため、ポルシェではパワーの見直しを図ることを決め、1978年11月、ヨーロッパとアメリカでのテストを終えた924ターボが登場した。

オリジナルのままだったのはエンジンのモノブロックとクランクシャフト、新しくなったのは鋳造ピストンとインテーク/エグゾースト・マニフォールドで、さらに燃焼室の設計の見直しが図られた。

ターボについてはエグゾースト上にバイパス・バルブが付いたクラシックなポルシェの

スコットランド・ルック
右上:ドライビングシート中央にチェック柄の入った924ターボ。ダッシュボードはノンターボと同じ。機能的で高品質。すべて標準装備。

QUATTRORUOTE ROAD TEST

	924ターボ
最高速度	km/h
	227.848
燃費(5速コンスタント)	
速度(km/h)	km/ℓ
60	18.8
80	15.3
100	12.8
120	10.7
140	9.2
160	7.8
発進加速	
速度(km/h)	時間(秒)
0—60	3.6
0—80	5.6
0—100	7.8
0—120	10.5
0—140	14.4
停止—400m	15.4
停止—1km	27.3
追越加速(5速使用時)	
速度(km/h)	時間(秒)
30—80	24.0
30—100	31.2
30—120	37.6
30—140	43.0

一触即発だが、柔軟性に欠ける
クルマは実にきびきびと走る。ブレーキは確かだ——。クワトロルオーテは1979年5月にテストを行なった。短所として、低回転での伸びに欠ける点とステアリングの重さ、リアの視界の悪さを挙げている。低速から中くらいまでのスピードではニュートラルだが、コーナーとハイスピードではアンダーステアとなる。

それで、サイズが大きくなったアンチロールバー付きの硬いサスペンションと、ベンチレーテッド・ディスクブレーキが採用された。最も重要なポイントであった馬力については、同時代の911SCよりわずか10ps少ない170psとなった。

本当の「ファンのためのクルマ、素晴らしいパフォーマンス」とは、クワトロルオーテの評価だ。「加速の良さとその速さは、スポーティなドライブで初めてわかる」ターボエンジンは、たとえこのタイプのエンジンとしてはスポーティ感に欠けているとしても、それでも「終わりのない満足感を与える」。

924ターボは1983年まで生産された。最後の頃、生産されたクルマは“オーバー2ℓ”に税金が掛かったイタリア向けであった。

この時期、ポルシェは924にもうひと押しを与えている。1979年のフランクフルト・モーターショーに、右のフロント・フェンダーにカレラと描いたアグレッシブなルックのコンセプトカーを持ち込んだのだ。ショーでの成功によってカレラGTは生産モデルとなり、さらにグループ4のホモロゲーションを受けた59GTSが生まれた。

なんたる凄み！
上：924ターボ。
中：カレラGT（210ps／240km/h）。ワイドになったフェンダーが特徴。
下：グループ4仕様のカレラGTS（245ps／250km/h）。

テクニカルデータ

924ターボ（1978）

【エンジン】＊形式：水冷直列4気筒／フロント ＊ボア×ストローク：86.5×84.4mm ＊総排気量：1984cc ＊最高出力：170ps（DIN）／5500rpm ＊最大トルク：25.0mkg／3500rpm ＊圧縮比：7.5：1 ＊タイミングシステム：SOHC／2バルブ／ベルト ＊燃料供給：ボッシュKジェトロニック

【駆動系統】＊駆動方式：RWD ＊クラッチ：乾式単板，油圧式 ＊変速機：5段 ＊タイア：185/70VR15／205/55VR16

【シャシー／ボディ】＊形式：モノコック／クーペ ＊乗車定員：4名（2+2） ＊サスペンション：（前）独立 マクファーソン・ストラット／コイル，テレスコピック・ダンパー （後）独立 セミトレーリングアーム／横置きトーションバー，テレスコピック・ダンパー ＊ブレーキ：ベンチレーテッド・ディスク ＊ステアリング：ラック・ピニオン

【寸法／重量】＊全長×全幅×全高：4210×1680×1270mm ＊ホイールベース：2400mm ＊トレッド：（前）1420mm（後）1390mm ＊車重：1180kg

928 S 1979〜1986

BMWやメルセデスから多くの新しい顧客を奪い、また専門誌（1978年のカー・オブ・ザ・イヤーを受賞）から熱烈な賞賛を受けたにもかかわらず、928はポルシェとしてはあまりに快適だったために、昔からのファンからは愛されなかった。こんな理由から928は表舞台から姿を消すのだが、そんななか、第二次石油ショックのさなかの1979年のフランクフルト・モーターショーにポルシェは928のスポーツバージョンを出品する。それがSである。

928Sはボアを97.0mmに広げて総排気量が4.7ℓにアップし、最高出力300ps／5900rpm、最大トルク39.2mkgを掲げた。エンジンレイアウトに変更は見られない。また、馬力アップに伴い、クラッチ、ギアボックス、ブレーキ類の見直しが図られた。外観上のアイデンティティは“マリア・スチュワートの襟”と呼ばれたリアのスポイラーと、7つ穴の新しい合金ホイールである。

アップしたのは馬力だけではない。値段もまた高くなって、イタリアでは1980年に4300万リラを超えている。この値段にもかかわらず、928Sの生産台数は928のそれを超え、1982年、928は引退したのだった。

そして、1985年に928S3がデビューする。このモデルには32バルブを持つ新しい5ℓエンジンが搭載されたが、これは本国に続くポルシェのマーケットであるアメリカのユーザーのリクエストに応えたものだった。

やがて時は熟し、スタイリングを見直す時期がやってきた。フェイスリフトは928S4を再び生かすことになる。エルンスト・フールマンが言ったように、「運転の楽しみを知っているすべてのヒトのために」なされたのだった。クワトロルオーテがテストを依頼したカルロス・ロイテマンはドライビング・インプレッションを「チャンピオンのそれだ」と語った。

パフォーマンスの問題
「多くを生み出すものは特別なものを作ることを許される」 928Sのプロモーション用スローガンである。

スポイラーとホイール
928のパワーアップしたモデルのトレードマークは、リアのスポイラーと新しいデザインになった合金ホイール。
1979年のフランクフルト・モーターショーに登場した928Sのフロントフードには60psアップしたエンジンが隠されていた。最高速度は250km/h。

テクニカルデータ

928S（1980）

【エンジン】＊形式：水冷90度V型8気筒／フロント ＊ボア×ストローク：97.0×78.9mm ＊総排気量：4664cc ＊最高出力：300ps（DIN）／5900rpm ＊最大トルク：39.2mkg／3600 rpm ＊圧縮比：10.0：1 ＊タイミングシステム：SOHC／2バルブ／ベルト ＊燃料供給：ボッシュKジェトロニック

【駆動系統】＊駆動方式：RWD ＊クラッチ：ダブルプレート／乾式 ＊変速機：5段／フルシンクロ（オプション：自動） ＊タイア：255/50VR16

【シャシー／ボディ】＊形式：モノコック／クーペ ＊乗車定員：4名（2＋2） ＊サスペンション：（前）独立 ダブルウィッシュボーン／コイル，テレスコピック・ダンパー，スタビライザー （後）独立 トレーリングアーム／コイル，テレスコピック・ダンパー，スタビライザー ＊ブレーキ：ベンチレーテッド・ディスク／サーボ ＊ステアリング：ラック・ピニオン（パワーアシスト）

【寸法／重量】＊全長×全幅×全高：4450×1840×1310mm ＊ホイールベース：2500mm ＊トレッド：（前）1510mm（後）1530mm ＊車重：1450kg

【性能】＊最高速度：250km/h

928 S インプレッション

新年のテスト
クワトロルオーテの1982年最初のテストは、大きなスペースを割いての掲載となった。表紙はBMW5シリーズ。928を駆ったのは、1972年から1976年までブラバムの、1978年の終わりまでフェラーリのドライバーであったアルゼンチン人のカルロス・ロイテマンだった。彼はその後ロータスと（1979年）、ウィリアムズに乗った（1980〜1982年）。

ファンタスティック、スピーディ、そしてイージー・トゥ・ドライブ――。これが、『クワトロルオーテ』1982年1月号のためにテストを行なった、カルロス・ロイテマンの928Sのインプレッションである（この年が彼の最後のF1となった。参加GP数146戦、そのうち12GPを勝利で飾った）。

ポルシェのステアリングを握ったチャンピオンは「限界までギアを引っ張り、コーナーでお尻を滑らせながらガードレールぎりぎりを行った」。つまり、思いきりこのクルマのドライビングを楽しんだのだった。

インタビューは、ポルシェ・ファンが928に対してあまり熱狂しなかったというデリケートな話題ののち、始まった。

「ボクはターボ、すごく好きだったんだけど、今は928のほうがいい。スポーティという点では劣るけど、より快適だよね。GTがボクにはちょうどいい。クラス感があるし、エレガントで個性的。エレガントさとピュアなスポーツカーというふたつの要素のバランスがうまくとれてる。室内がすごくいい、オトナふたりにはね」

リアはふたりの子供が座れる程度だ。一方で視界の良さは評価できる。

「ステアリングは調節可能、シートも電動。自分に合ったポジションが必ず見つかる。フロントのシートが“柔らかな”トンネルを間に挟んで分けてあるのは素晴らしいアイデアだね。操作類のポジションがいい。すべてによく研究がなされてると思うよ。GTの良さはシフトチェンジからパワーウィンドーまで、操作がシンプルなことだ。これが完成したポルシェを感じさせるゆえんだと思う」

前のモデルに比べてエンジンは活発になったと彼は強調する。最高速度250km/h、0—1kmはわずか25.6秒。0—400mは14.3秒。「そう、ボクもパフォーマンスが良くなったことはすぐにわかった。でも、最も興味深いのはドライバーを煩わせることのないソフトなエンジンになったことだ。ところで、燃費はどうだった？」

スポーツカーとしては悪くない。クワトロルオーテのテストによれば、140km/h巡航で100kmあたり15ℓだ。ふつう、1ℓで7〜8kmだろう。

さて、そろそろエンジンについて話す時間だ。「非常に柔軟な8気筒」、アルゼンチン人はこうコメントする。

「アメリカのエンジンより、よりソフトだね。1000rpm以下で楽に5速がキープできる。低回転でのトルクとパワーもいい。低いギアでスタートして、スロットルを踏み込むと弾丸のように飛び出す。でも、ボクとしてはもう少しパワーがあるといいな。928は高い安全性に余裕があるんだからパワーアップできるはずだ。つまり、もう少し押しの強いスポーティなエンジンがいいということ。快適性を減らしたとしてもね。ギアも気に入った。フィールがいいし、入りやすい。928のウェイトとパワーを考えると、パワーステアリングは最高だね。扱いやすくて、それでいて正確。ハイスピードでも修正が利く。技術の宝石だよ」

ブレーキはどうだろう。「下りでボクがさん

ファンタスティック、スピーディ、イージー
幅7mほどの道でロイテマンは向こう見ずにアスファルトを攻めたてた。テストが終わり、アルゼンチン人のドライバーはこうコメントした。
「すごく楽しかった。ファンタスティックなクルマだ。速いうえにドライビングはイージーだ！」
ポルシェ928Sに乗るドライバーと、左ページは自宅のあるサンタ・フェでのポートレート。

ざん“引っ張った”のを見ただろう。まったく酷使した感じがなかったよね」ロイテマンはこう答えた。「ハイスピードの高速道路でもブレーキは卓越してた。ロックさせてみたけど、安定してたよ」928はハイパフォーマンスと快適性のバランスがとれていることも賞賛に値する。これはロングドライブには欠かせない要素だ。なにより扱いやすいところがいい。

「経験の浅いドライバーでも問題なくコーナーを抜けることができる。オーバーステアに邪魔されることなく、素早く、ね。スポーティなドライビングもさほど疲れることなく、そんなに集中することもなく行なえるクルマだね。928はほとんどいつでもニュートラルで、ドライバーは楽しんで運転することができる。段階を踏んでオーバーステアになるんだよ、たとえスロットル全開の状態でもね。非常に速いGTだ。扱いやすいけれど、安全性は高い。信じてよ。これだけスピードを出したのは、928が信頼できるクルマだからだよ」

944 1981〜1989

ラスト・レタッチ
1980年1月、ポルシェデザインセンターで行なわれた最後の手直し。この944は1981年9月のフランクフルト・モーターショーでデビューした。

924の生産がスタートしたばかりだというのに、ポルシェではすでに2ℓの“ホームメイド”エンジンを載せたVW-アウディに代わるアイデアを練りはじめた。このプロジェクト（ナンバー944）には多くの目標が与えられていた。たとえば、お金のことでいえばコスト削減、つまり、より利益をあげること、技術面でいうと924のフロントフード下の問題、トランスアクスルとマッチするものでなければならないのはもちろん、現行モデルよりパワーがあって、それでいて静粛性に富んだもの——。もちろん928のV型8気筒を用いることもできたが、最後の2気筒をカットすることも可能だった。でなければ4気筒をカットするか。それぞれの案には長所と短所があった。最後はチーフの決断を待つことになった。

プロフェッサー・エルンスト・フールマンに迷いはなかった。直列4気筒——。この設計がもたらす典型的な問題であるバイブレーションの解決には、70年前にイギリスのフランク・ランチェスターが取った特許が持ち出されることになった。それは、2等分した8気筒に、エンジンと反対に回るシャフト（クランクシャフトの2倍のスピードで回転する）を設定し、おもりを付けるというものだった。

エンジンは、2479ccの排気量を保つために、V8のストローク（78.9mm）はそのままに、ボアを100.0mmとした。911のエンジンのボアが同じ変更（90.0mmから100.0mmへ）を受けたのは1989年だから、この時期での変更は異例といえる。

最初の8台のプロトタイプは1978年4月に仕上がった。1981年の初め、ペーター・シュッツがフールマンに代わって代表となり、この時期、幼少期の病を完治した新しい“2500cc”の“正しい”スタイリングは、924カレラGTにわずかに手を入れたバージョンであるという案に力を注ぐようになる。このニューモデル（エンジン名からそのまま944と命名される）はリアのスポイラーはそのまま、フェンダーがノーマルの924よりワイドになり、細長いエアインテークがフロントのナンバープレー

Die Zeit war reif für diese Leistung: Der neue Porsche 944.

PORSCHE
FAHREN IN SEINER SCHÖNSTEN FORM.

グッドタイミング

「時は熟した」 これは911のデビュー時のスローガンである。アメリカ・マーケットで宣伝になるのはフェリー以外にはなかった。ツッフェンハウゼンの特長である高品質――、このポルシェをアメリカで最初に試乗するのはいつもフェリーだった。

このクルマのための室内

944のラインは924カレラGTよりアグレッシブだ。施されたモディファイは、ワイドになったリアフェンダーと新たにデザインされたフロントフェンダー。室内は1984年（1985年モデル）のリファインまで924と似たものだった。この年、室内はこのクルマにぴったりになる（右：オプション3段オートマチック仕様）。ホイールは“テレフォン・ダイアル”のタイプ。

トの下に付いた。

新しいポルシェが出るたびに、盗み撮りされた写真がスクープされたものだったが、今回はそういうこともなく、944は1981年のフランクフルト・モーターショーで衝撃のデビューを果たした。すぐに生産が始まったこのクルマの値段は3万8900マルク、魅力的な値段だった。なにより新しい個性的なポルシェと受け止められ、ジャーナリストにも評判が良かった。

1981年の12月にはポール・フレールがクワトロルオーテにインプレッションを寄せているが、一緒にテストしたヨーロッパや北米のジャーナリストともども、ポジティブな評価

トランスアクスル・フォーエバー

エンジンとトランスミッションを丈夫なチューブで繋ぐトランスアクスルなど、924からメカニカル・レイアウトも踏襲した。

ボア・レコード

V8の928からデリバリーされた944の4気筒、ストロークはそのままに、ボアのみ100.0mmになった。1989年に911になされたより早い変更である。

を下している。944はその強い個性のスタイルとは裏腹に“バランス”のとれたスポーツカーだ。元グランプリ・ドライバーはこう記す。「エンジンは柔軟で、ハイギアの低回転時にもよく伸びる。実際、ギア比の設定はとても良く、めいっぱい使ってやろうという気にならない。エコノミックなドライビングを可能にする」

総試乗距離は900kmだったが、そのうち750kmはアウトバーンで、50kmはニュルブルクリングだった。944は100kmを14ℓ以下で走行した。「素晴らしい結果だ」とポール・フレールはコメントしている。「もちろんエアロダイナミクスもいい」 944のサスペンションは低速では硬く感じられるが、ハイスピードに適応できるように設定してある。

「コーナーではかなりロールし、少しアンダーステア気味になる。つまり、どんなスピード

テクニカルデータ

944（1985／キャタライザーなし）

【エンジン】＊形式：水冷直列4気筒／フロント ＊ボア×ストローク：78.9×100.0mm ＊総排気量：2479cc ＊最高出力：163ps（DIN）／5800rpm ＊最大トルク：20.0mkg／3000rpm ＊圧縮比：10.6：1 ＊タイミングシステム：SOHC／2バルブ／ベルト ＊燃料供給：ボッシュKジェトロニック

【駆動系統】＊駆動方式：RWD ＊クラッチ：乾式単板，油圧式 ＊変速機：5段／リア（オプション：3段自動） ＊タイア：195/65VR15／チューブレス ＊ホイール：7J×15

【シャシー／ボディ】＊形式：モノコック／クーペ ＊乗車定員：4名（2＋2） ＊サスペンション：（前）独立 マクファーソン・ストラット／コイルスプリング，テレスコピック・ダンパー，スタビライザー （後）独立 セミトレーリングアーム／トーションバー，テレスコピック・ダンパー ＊ブレーキ：ベンチレーテッド・ディスク ＊ステアリング：ラック・ピニオン

【寸法／重量】＊全長×全幅×全高：4200×1735×1275mm ＊ホイールベース：2400mm ＊トレッド：（前）1477mm（後）1451mm ＊車重：1210kg

【性能】＊最高速度：220km/h ＊発進加速（0—100km/h）：8.4秒

のときでもドライバーに一定の能力を求める」
　ステアリングは正確で、ブレーキの性能も高く、924ターボよりわずかに劣る程度だ。
「ターボが効きはじめたときの爽快感はないが、代わりにエンジンは静かなだけでなく、より柔軟性に富んでいる」
　マスコミのポジティブな評価のおかげで、またその値段のおかげで、944は成功を収め、さしたる変更のない状態が1985年まで続いた。この年、インテリアがようやく924との類似から解放されるフェイスリフトを受ける。エクステリアについてはホイールが、928に採用された“テレフォン・ダイアル”と呼ばれるタイプのデザインになった。さらにこの年にはターボ・バージョンが登場している。
　1988年、エンジン（924Sと同じもの）の最大出力が160ps／5900rpm（キャタライザーの有無にかかわらず）に下げられた。
　1989年モデルはボアが104.0mmとなり、排気量は2681ccにアップした。
「排気量アップにより馬力が5ps増え、なにより低回転時のトルクが良くなった」と、クワトロルオーテは記した。
　944の生産台数は11万5925台だった。

鋳造かプレスか
1985年モデルから944は軽合金製7J×15の鋳造ホイールが装着され、タイアは195/65VR15のチューブレスとなった。オプションでワイドタイアと、7インチもしくは8インチ（右）の軽合金の鍛造ホイールが用意された。

モータースポーツ パリ-ダカール・ラリー 1984

すぐにOK

ポルシェは1984年1月のバリ-ダカールに参加、すぐに成功を収めた。

写真：レネ・メッジェ／ドミニク・レモワン組が911カレラ4×4で優勝台に上がる。初めてスポーツカーが砂漠で得た勝利であった。空冷水平対向の6気筒エンジン（3164cc／225ps／車重1215kg）。

911カレラ3.2 1983〜1989

誰もがフックスを欲しがった

フックスの鋳造ホイールを履いたエレガントな911 3.2カブリオレ。オプションで1987年8月まで用意されたのだが、ほとんどのクライアントがこのホイールを注文した。
3.2はスポイラーに埋め込まれたフォグランプが特徴。1986年9月からは電動式幌もラインナップされた。

1963年、911 2.0の登場から20年の歳月を経て、ポルシェは恒例のように、フランクフルト・モーターショー（1983年9月）で911カレラ3.2（3164cc／231ps）を発表した。

排気量のアップは3.0SCのニカシル・シリンダーと、3.3ターボのクランクシャフトのコンビネーションによるものだ。エンジンマネジメントシステム、ボッシュ・モトロニック2と有能なタイミングチェーンの採用が、このエンジンの新しい点だが、同時にブレーキシステムの見直しも図られた。ベンチレーテッド・ディスクの厚みが24mmになり、幅の広いキャリパーを採用、前輪ブレーキのロック

エアロダイナミクス

左：911カレラ3.2。15インチのフックス製ホイール、電動式スライディングルーフ、前後スポイラー。この時期、リアのスポイラーはターボのそれとは異なる。

下：カレラ3.2。最後の頃に生産されたモデル。フックスの16インチ・ホイールは1988年9月から標準装備となった。

テクニカルデータ

911カレラ3.2 (1984)

【エンジン】＊形式：空冷水平対向6気筒／リア縦置き ＊ボア×ストローク：95.0×74.4mm ＊総排気量：3164cc ＊最高出力：231ps／5900rpm ＊最大トルク：29.0mkg／4800rpm ＊圧縮比：10.3：1 ＊タイミングシステム：SOHC／2バルブ ＊燃料供給：ボッシュ・モトロニック2

【駆動系統】＊駆動方式：RWD ＊クラッチ：乾式単板 ＊変速機：5段 ＊タイア：(前) 185/70VR15 (後) 215/60VR15 ＊ホイール：(前) 6J (後) 7J

【シャシー／ボディ】＊形式：モノコック／2ドア・クーペ ＊乗車定員：4名 ＊サスペンション：(前) 独立 縦置きトーションバー，油圧式ダンパー，スタビライザー (後) 独立 横置きトーションバー，油圧式ダンパー，スタビライザー ＊ブレーキ：ベンチレーテッド・ディスク ＊ステアリング：ラック・ピニオン (パワーアシスト)

【寸法／重量】＊全長×全幅×全高：4291×1652×1320mm ＊ホイールベース：2272mm ＊トレッド：(前) 1372mm (後) 1380mm ＊車重：1160kg

【性能】＊最高速度：245km/h ＊発進加速 (0－100km/h)：6.1秒

今や時速250km/h
性能を上げるため、排気量のアップとエンジンマネジメントシステム、ボッシュのモトロニック2が採用された。

を防止する圧力リミッターを挿入、911ターボのサーボブレーキを採用したほか、4輪パッドの摩耗を知らせる警告灯が装着された。

3.2と3.0を見分けるには、エアダムスポイラーを見てみることだ。3.2にはフォグランプが埋め込まれている。1985年モデルからはオイル冷却のための通風口が設けられたほか、シフトレバーのストロークが10%短縮され、ラジオのアンテナがウィンドスクリーンに組み込まれた。ウィンドーウォッシャー・ノズルが暖められるようになり、助手席が電動シートになった。ヘッドレストが40mm高くなり、ドライビングシートは座面の両端を独立で電動調節することが可能だ。ステアリングホイールは4本スポークの革製となった。

年式がわかる
4本スポークのステアリングホイールと、助手席前のダッシュボードに装着された、サイズが小さくなったエア・ベント。これらが1985年モデルのカレラ3.2の特徴である。

1985年9月、1986年モデルでは、ボーゲのダンパーと新しくアンチロールバーが採用になった。10%ストロークを短縮したシフトがオプションで用意されたほか、フロントシートは20mm低くなり、さらに細かな調整が可能となった。ダッシュボード上では室内温度センサーの位置が変更になった。オプションでターボルックが登場、クーペにはすでに用意されていたが、カブリオレとタルガにも装着できるようになった。

1986年9月からギアボックスにゲトラク社が生産したG50が採用され、クラッチの操作

ワイドなサイドフェンダー

左：標準装備のホイールを履いたカレラ3.2タルガ。このホイールの独特のデザインはファンから“テレフォン・ダイアル”と呼ばれた。

下：ワイドなフェンダーと大きなタイアのカレラ3.2カブリオレ・ターボルック。クーペとタルガにも装着可能。

は油圧式、直径240mmのクラッチディスクが使われることになった。このモディファイのおかげで、シフトの操作性が格段に向上した。リアにはフォグランプが埋め込まれた。

911カブリオレは電動式の幌が標準で用意され、タルガのパッキングの質が向上した。錆に対する保証期間は10年。標準装備のホイールは“テレフォン・ダイアル”デザインで、常に高い人気を誇ってきたクラシックなフックスの鋳造タイプだ。

1987年9月からタイアサイズが前195/65VR15になり、この月、911カレラ3.2クラブスポーツが生まれた。生産台数はわずか340台だった。

1989年モデルから標準装備のホイールがフックスの16インチになり、盗難防止アラームがドアの集中ロックと連動するようになった。

911の生誕25年を記念して、875台の限定生産であるカレラ3.2記念モデルが登場、1989年1月、911 3.2スピードスター（生産台数2065台）の販売も始まった。

クラブスポーツ
1987年、ポルシェは911カレラ3.2コンペティション用の少量生産シリーズ(340台)を用意する。特徴は“寛大な”リミッター、スポーティなダンパー、ワイドな16インチのホイール。車重は50kgほど軽くなっている。

リターン

1987年のフランクフルト・モーターショーで1950年代の356のそれを彷彿させる911スパイダーが発表された。1年半後の1989年1月に販売がスタート。2065台のうち1894台がターボルック（写真大）だった。メカニカルな部分は911と同じ。

911スピードスター インプレッション

世論調査
1991年6月、『クワトロルオーテ』(値段は6000リラ)の表紙では「賞品付き大アンケート/ガソリンに関する調査」が「吠えている」。そのほか、シトロエンZX試乗記、新ライバル、フィアット・ティーポとVWゴルフ。911スピードスターはスポーティング・ドライブのエキスパート、イヴァン・カペリ(写真)が試乗した。

モンザのサーキット。雲行きは怪しいが、アスファルトはドライ。カペリは最初の1周を、まるでタクシーが流すみたいな調子でゆっくりと走り、それから徐々にスピードを上げた。彼の足が深く踏み込みを始めた。ギアを入れるために右手が離れる。ブレーキを踏むのはどうしようもなくなったときだけだ。

コーナーに入るとき、初めはステアリングのコントロールとスロットルに慎重だった。スピードスターが外側に向かって滑りはじめる。見ている側はハラハラするが、パセンジャーに案じる様子は見られない。ドライバーが限界を知るカペリだから問題ないが、他の人間だったらかなり危ないことになっていただろう。「コーナーの入口では」と、彼は言う。「コーナーの入口では、このスピードスターは強いオーバーステアを見せるが、次にもコーナーが来る、つまりS字の道なら左右にステアリングを動かすことで楽に立て直すことができる。しかしコーナーのあとにすぐストレートが来る、そんな道では厄介だ。実際、すぐにアンダーステアに対処しなければならないし、ブレーキを踏むとフロントがふらついて、ついていけなくなるからだ。それでも、とにかくすごく面白いクルマ。ドライな路面ではね」

クルマは魅力的、技術レベルの高さがプロを満足させる。だが、「クルマを支配するためには充分な練習が必要だ」。特にウェットな路面とコーナーの続く高速道路では。クワトロルオーテのエキスパート・ドライバーはこう分析する。「スロットルとブレーキ・ペダルはちょっと扱いにくい。ヒール・アンド・トゥをするには距離がマズいな。まあ、できなくはないけれど。シフトは悪くない。もう少しスピーディだともっといい。ブレーキについては、ハイスピード時でもよく効くよ。でもそういう状態が続くと、ブレーキは疲労する感じを受けた。ひとつ気になったのは、油圧計が見えないことだ。ステアリングホイールの下に隠れてるから。それとシートについていえば、サーキットではサイドのサポートが頼りないな」

231psのフラットシックス、スピードスターを分析したカペリは「パフォーマンスは満足できる要素がたくさんある」ことを確認した。「ハイスピード(モンザの直線コースで楽に200km/hを超えた)でもスピードスターが捻りに対してリジッドであることは強調する価値があるよ。デザインはアグレッシブなだけでなく、エアロダイナミクスにも富んでいて、安定性がすごく高いクルマだね」

PERFORMANCES

最高速度	km/h
	241.521
燃費（5速コンスタント）	
速度（km/h）	km/ℓ
60	14.5
80	13.1
100	11.6
120	10.0
140	8.5
160	7.2
180	6.0
発進加速	
速度（km/h）	時間（秒）
0—80	4.6
0—100	6.2
0—120	8.7
0—140	11.3
0—160	15.1
0—180	19.6
停止—400m	14.4
停止—1km	26.3
追越加速（5速使用時）	
速度（km/h）	時間（秒）
70—80	2.5
70—100	7.7
70—120	13.0
70—140	18.5
70—160	24.6
70—180	31.0
制動力	
初速（km/h）	制動距離（m）
60	15.3
80	27.3
100	42.6
120	61.4
140	83.5
160	109.1
180	138.1

ヴォラーレ、ヴォラーレ
戦闘機のようにスパルタンでアグレッシブ。オープンでのスポーティング・ドライブの陶酔感は他のクルマではなかなか味わえないものだ。『クワトロルオーテ』の試乗記のサマリーより。試乗者はF1の顔、イヴァン・カペリ。

924 S／S2 1985～1988

リアが変わった
1985年のフランクフルト・モーターショーで発表された924Sは前モデルと類似している。唯一、目につく変更は“15インチのテレフォン・ダイアル”ホイール。写真は1987年モデル。

1985年7月、924は舞台からその姿を消す。8月には924に代わるモデルの生産が始まり、9月に924Sとなってフランクフルト・モーターショーでデビューした。

エクステリアは前モデルと同じだが、唯一、異なるのは15インチの“テレフォン・ダイアル”ホイールだ。インテリアに興味深いモディファイは見られない（ドアハンドルは944か

らの流用)。というより、室内は924の短所をそのまま引き継いでいる。空気の循環の悪さ、つまり暑さからポジションの低いステアリングまで、ステレオ用配線がなされていないことから助手席側のサイドミラーの欠如、集中ロックが用意されていないことまで、である。

一方でパワーステアリング、エアコン、取り外し可能なサンルーフ、スポーツタイプのシートが標準装備となった。

いずれにしても、フロントフードの下には4年間の時を待機したニューカマー、言い方を換えればサイズを小さくした944のエンジンが隠されていた。

圧縮比が10.6から9.7:1に変わったことで、馬力も163psから150ps/6800rpmへ、トルクは20.9mkgから19.9mkg/3000rpmへパワーダウンした。最高速度は215km/h、0−100km/hは8.5秒だった。ブレーキシステムはベンチレーテッド・ディスク、つまり924の弱みだったものが924Sでは強みになっているのだ。

1988年モデル(最終)では944のエンジンがベースとなった(ガソリンはハイオク仕様)。標準装備のアクセサリーが豪華になり、値段が上がった。924Sの生産台数は合計1万6282台で、この数をもって終了したが、しかしポルシェは隠し球を用意していた。それがS2である。モディファイされたのはフロントとリア、944のダッシュボードが採用されたことだった。

150psから160psへ

左:924Sのエンジンは944の水冷4気筒2479ccエンジンを最大出力150ps/5800rpmにデチューン(1986/87年モデル)。1988年モデルでは最大出力が160ps/5900rpmになった。最高速度は215km/hから220km/hへ。

右:924Sの室内。基本的に924ベースモデルと同じ。

テクニカルデータ
924S (1985)

【エンジン】 *形式:水冷直列4気筒/フロント *ボア×ストローク:100.0×78.9mm *総排気量:2479cc *最高出力:150ps/5800rpm *最大トルク:19.9mkg(DIN)/3000rpm *圧縮比:9.7:1 *タイミングシステム:SOHC/2バルブ/ベルト *燃料供給:ボッシュKジェトロニック

【駆動系統】 *駆動方式:RWD *クラッチ:乾式単板, 油圧 *変速機:5段 *タイア:(前)195/65×15

【シャシー/ボディ】 *形式:モノコック/クーペ *乗車定員:4名(2+2) *サスペンション:(前)独立 マクファーソン・ストラット/コイル, テレスコピック・ダンパー (後)独立 セミトレーリングアーム/横置きトーションバー, テレスコピック・ダンパー *ブレーキ:ベンチレーテッド・ディスク *ステアリング:ラック・ピニオン(パワーアシスト)

【寸法/重量】 *全長×全幅×全高:4200×1680×1270mm *ホイールベース:2400mm *トレッド:(前)1420mm (後)1393mm *車重:1210kg

【性能】 *最高速度:215km/h *発進加速(0−100km/h):8.5秒

944ターボ／S 1985〜1991

大袈裟な
ホイールアーチ
1985年、フロントにスポイラーを付けた220psのターボモデルが登場。1989年モデル（下）から250psに。1991年、カブリオレ（右下）が登場。1986年には新しい4気筒16V、190psの944Sが登場したが、高い評価を受けることはできなかった。いっぽう、1988年に登場したS2（右ページ）は3ℓ16V、211ps、満足度の高いものだった。

1985年1月、サン・ポール・ド・ヴァンス（フランス）。ドイツで行なわれたストの影響で、944ターボは6ヵ月遅れでメディアの前にその姿を見せた。

強化されたシャシー。タンクの容量が増え、パワーステアリングは標準装備、アルミ製のブレンボのベンチレーテッド・ブレーキを採用。なにより、最大出力220ps／5800rpm、最大トルク33.6mkgの数字だ。最高速度は244km/h、0—100km/hは5.9秒と、911カレラと競う数値が並ぶ（これはフールマンの意見だが）。

944ターボにはファンから愛される要素がすべて詰まっていた。エクステリアでいえば、これからの方向づけを見せたフロントとリアのアンダースカートが特徴といえる。新しくなった室内の貢献もあって944ターボは完璧に見えたのだが、しかし、値段が高いわりにアクセサリーが少ないのが難点だった。

このクルマは次第にノンターボ・バージョンを脅かす販売を見せたのだが、この緩やかに訪れた成功の裏には、レース用（ターボ・カップ）に準備された250psの1988年のターボSの存在も大きい。

翌年（1989年型）のモデルから、ターボにもABSとリミテッド・スリップ・ディファレンシャル（LSD）が採用された。1990年のターボは新しいウィング・スポイラーが特徴である。1991年には最後の傑作であるカブリオレが登場した。総生産台数2万3319台を数え、944ターボは幕を下ろした。

4気筒2.5ℓ16バルブ、190psの944Sは1986年にメディアに発表されたが、ジャーナリストの賛同を得ることはできなかった。「すべてを最大限引き出さない限り、このクルマの良さはわからない」と、クワトロルオーテは記している。

「実際、低回転では加速に対する反応がスローでレイジー。ポルシェと呼ぶにはこの欠点はふさわしくない」

ポルシェの名に見合うようになったのは1988年の944S2からだ。3ℓエンジンはパワーアップ以外にも（211ps）、どんな状況下においてもアクセルのレスポンスが良くなった。「バイブレーションがなくなった」と、11月

号の『クアトロルオーテ』には記してある。「低回転でも問題なく回る。どんな道でもドライビングを楽しむことができる」
　1989年には真のスポーツカー、カブリオレが登場した。1991年まで1万5919台生産されたが、そのうちクーペが9387台、カブリオレが6532台だった。

皆に平等
944ターボとノンターボのSは同じ室内。操作類は扱いやすく、シートは快適。

テクニカルデータ

944ターボ（1986）

【エンジン】＊形式：水冷直列4気筒／フロント ＊ボア×ストローク：100.0×78.9mm ＊総排気量：2479cc ＊最高出力：220ps／5800rpm ＊最大トルク：33.6mkg（DIN）／3500rpm ＊圧縮比：8.0：1 ＊タイミングシステム：SOHC／2バルブ／ベルト ＊燃料供給：インジェクション，ターボチャージャー

【駆動系統】＊駆動方式：RWD ＊クラッチ：乾式単板 ＊変速機：5段 ＊タイア：（前）205/55VR16 （後）225/50VR16

【シャシー／ボディ】＊形式：モノコック／クーペ ＊乗車定員：4名（2＋2） ＊サスペンション：（前）独立 マクファーソン・ストラット／コイル，テレスコピック・ダンパー，スタビライザー （後）独立 トレーリングアーム／トーションバー，テレスコピック・ダンパー ＊ブレーキ：（前）ベンチレーテッド・ディスク （後）ディスク／ABS（オプション） ＊ステアリング：ラック・ピニオン（パワーアシスト）

【寸法／重量】＊全長×全幅×全高：4230×1735×1275mm ＊ホイールベース：2400mm ＊トレッド：（前）1477mm（後）1451mm ＊車重：1350kg

944ターボ／S インプレッション

ティーポ・ドゥエ
1986年11月の『クワトロルオーテ』の表紙は新しいアウトビアンキY10 4WD。フィアット・パンダ4×4と共に。中に掲載されたのはデビュー前のフィアット・ティーポ、まだ“ドゥエ”と呼ばれていた。944のインプレッションのほか、プジョー309 GTとGRディーゼルの試乗記、BMW316とランチア・プリズマ1600、フィアット・レガータ100Sとルノー21TSEのテスト。この号の値段は4000リラ。944ターボは7000万リラ弱。Sは5600万リラ強だった。

　ショック——。これがイヴァン・カペリが944に抱いた最初の感想だった。
「同じシリーズのクルマでも2台のキャラクターはずいぶん異なる。ペダルの配置までこうも違うかと驚いたよ。たとえばターボのほうがヒール・アンド・トゥが自然にできるんだ」944のステアリングを握ったミラノ人のドライバーは続ける。「まぎれもなくグラントゥリズモ、ドライビングポジションはスポーツカーのそれだ。メーター類はとても読みやすい。視界については、前はいい、つまりレーシングカーだな。街中ではデメリットになるけど、これもロジカルなことだ」
　カペリが気に入ったのはターボだった。ターボのエンジンがこの手のエンジンにありがちな短所を持っていないのは驚きに値する。パワー、低回転時のトルク、ターボが稼働するまでのグラデーションは、いずれもこのエンジンのハイクォリティの象徴（「3500rpmから上がファンタスティック」）で、テスターをおおいに感激させた。ターボのエンジンは「ステアリングをせわしなく動かさなければならないような曲がりくねった道にも、とてもよく適応する」。ターボよりは確実に落ちるが、Sの16バルブの「グッド」な点は「操作類」と「高回転時」にあった。
　ターボは公道上でもカペリを満足させる動きを見せた。「少しアンダーステアが出るが、コーナーへの進入は難しくない。荒々しくスロットルを踏むようなことをしなければ、ライン取りが難しいようなことはない。そういう意味では動きはニュートラルだ。激しくスロットルを踏むと、突然オーバーステアになるけどね」
　ステアリングはもう少しクイックなほうがいいとはいえ、いずれにしても長所であることには変わりない。Sは、コーナーでのロールが気になる。「このクルマは正確なライン取りのために、荷重バランスを前に持っていく必要がある」
　どちらの944も「イージー・トゥ・ドライブ。これは911には見られないキャラクターだ。911はすぐに限界がくるから、そういう点では経験の少ないドライバーには扱いづらいクルマだからね」。いずれにしても直進安定

性はとてもいいが、カペリはこう繰り返す。「パワー不足は否めない」
　ギアボックスとブレーキについては、彼はこんなふうに言う。「ギア比はとても気に入った。ハイスピードまで引っ張れる3速は特にいい。操縦性はターボのほうがいいね。これはテスト車が特にそうだったのかもしれない。ABSを装着したターボのブレーキは最高だ。Sはちょっと落ちる。アンチ・ロック・システムが痛いところだな。ステアリングも少しレイジーな感じを受けた。おそらくフロントホイールのサイズによるんだろう」

PERFORMANCES

	ターボ86	S86	ターボ88
最高速度			km/h
	244.397	232.227	254.946
燃費(5速コンスタント)			
速度(km/h)			km/ℓ
60	17.3	16.6	——
80	15.3	15.0	14.3
100	13.1	13.2	12.1
120	11.1	11.5	10.2
140	9.4	9.8	8.6
160	——	——	7.3
180	——	——	6.2
発進加速			
速度(km/h)			時間(秒)
0—60	3.1	3.8	2.8
0—80	4.6	5.5	4.5
0—100	6.3	7.9	6.0
0—120	8.8	10.9	8.5
0—140	11.5	14.2	10.8
0—160	——	——	14.0

	ターボ86	S86	ターボ88
0—180	——	——	17.9
停止—400m	14.5	15.6	14.2
停止—1km	26.3	28.4	25.7
追越加速(5速使用時)			
速度(km/h)			時間(秒)
70—80	3.1	3.0	——
70—100	8.0	9.0	9.3
70—120	11.9	15.5	13.4
70—140	15.9	22.7	17.0
70—160	——	——	21.6
70—180	——	——	26.5
制動力(ABS)			
初速(km/h)			制動距離(m)
80	26.2	28.8	24.9
100	47.0	45.0	39.0
120	59.0	64.8	56.1
140	80.3	88.2	76.4
160	——	——	99.8
180	——	——	126.3

チャンピオン
1986年10月、イヴァン・カペリはF3000で優勝、11月にはクワトロルオーテのために再びモンザのサーキットへ。944のS(グレー)とターボ(黒)のテストを行なった。2年後の1988年12月、再びターボをテスト。

959 1985～1988

長い待ち時間
1984年のフランクフルト・モーターショーに登場した959の生産が始まったのは1987年（年間生産台数113台）。イタリアには翌年の春、6～7台が入ってきた。300人の選ばれたクライアントの手に渡った959は、1988年9月に終わりを告げた。

クワトロルオーテが初めてポルシェの4×4について語ったのは1983年3月号だった。「500psというパワーは四輪駆動ならでは。このコンビネーションは1982年にポルシェが911のボディを使って4×4のテストモデルを発表したときに、すでに出ていた解決策だ」

1985年1月、もう少し詳しいことがわかりはじめた。ショーで“グルッペB”と呼ばれたこのクルマの名は959。技術面の成り立ちは911のそれだとしても、ラインにも一部、影響を受けているとしても、それでもまったく新しいクルマに違いない。

4WDはオフィシャルチームでのサーキット使用を前提に用意されたものだが、プライベートでなら、アウディのライバルとしてラリーにも参加可能であった。

カレラのエンジンを搭載した959はパリ-ダカール・ラリーでデビューを果たしたのち、誰もがその登場を待ち望んでいたにもかかわらず、なかなか生産に至らなかった。それは、すべては“複雑なメカニズム”のせいだった。

準備完了

250台の発注（5万マルクの小切手が250枚）があった時点でも、まだ959はプロトタイプ（左）の姿でスタジオに置かれていた。デリバリーが始まると、ブラックマーケットでは15万マルクで取引された。イタリアでのオフィシャル・プライスは4億2000万リラだったが、10億リラまで吊り上がった。

下：クワトロルオーテがテストしたモデル。

走るために生まれた
2850cc（グループBに参加するべく設計された）、最高出力450ps／6500rpm。ガソリンは95オクタン価（触媒付きも可能）。ツインターボはマイクロチップで制御されているが、エンジン回転数やブースト圧などの情報をセンサーが集め、この情報を総合して噴射量が決定される。

9月になった。待ちわびていたショーが来た。クワトロルオーテはこう記している。
「1984年のフランクフルトでのアトラクションののち、959は再び同じ舞台に立った。このクルマでポルシェはワールド・ラリーで闘うことができる。このクルマの強みは勝つことができることだ」
「クルマは最終決定の形で紹介されたが、生産時期は発表されなかった。翌年、グループBのホモロゲーション用に200台用意される予定だったが、同時にコンペティション用にも進化させる予定だった」

先が見えないこの時代にあっても、この“モンスター”がレースで暴れまわることを妨げるものはなかった。
「959はパワーばかりのクルマではない。技術を磨きあげる、そういう意味合いがこのクルマにはあるのだ」

生産待ちの期間、959は吠えまくった。1984年にパリ-ダカール・ラリーで勝利を収め、1985年にはファラオ・ラリーを制し、1986年にもこのアフリカのレースを再び征服したのだった。そうこうするうち、ようやく生産がスタートする。クワトロルオーテは1986年にニュルブルクリングでロードモデルをテストしているが、実際には“スーパーポルシェ”を手に入れるのは1987年の11月まで待たなければならなかった。

最も高価なポルシェ。いや、最も高価なク

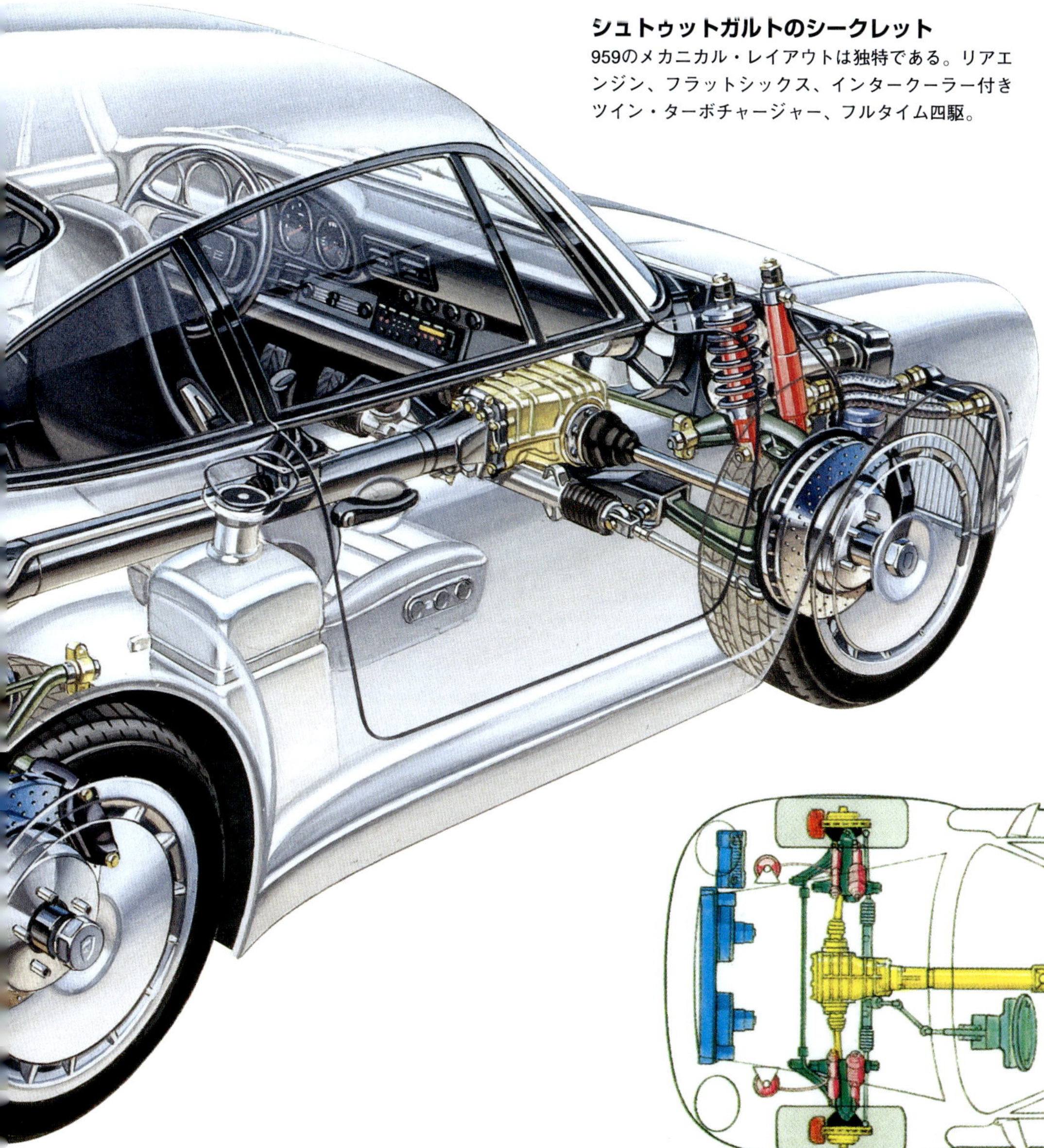

シュトゥットガルトのシークレット
959のメカニカル・レイアウトは独特である。リアエンジン、フラットシックス、インタークーラー付きツイン・ターボチャージャー、フルタイム四駆。

ルマ。959はディーヴァであり、技術の宝石であり、熱望された四輪のオブジェであった。

ポルシェにとっては勲章ではあったが、しかしその価格にもかかわらず黒字は見込めなかった。値段はドイツで3億リラ、イタリアでは（ラクシュリーカーに課せられる38%の税金のために）4億2000万リラに達したが、このクルマの1台あたりの製作費は少なく見積もっても5億リラだった（ブラックマーケットでの値段は10億リラともいわれた。イタリアに入ってきたのは6〜7台）。

つまり、959は伝説であり、先進技術の集合体であり、複雑なメカニズムの塊だった。実際、あまりに複雑でヴァイザッハの手にも余るのではないかと疑われるほどだった。

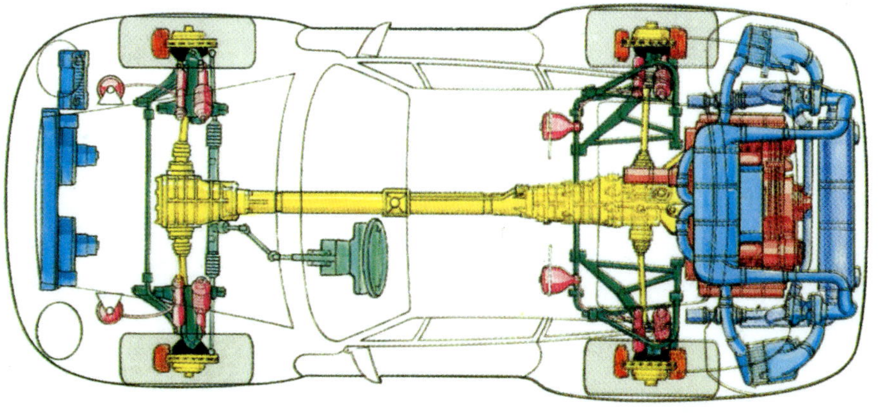

テクニカルデータ

959（1987）

【エンジン】＊形式：水冷空冷併用水平対向6気筒／リア縦置き ＊ボア×ストローク：95.0×67.0mm ＊総排気量：2850cc ＊最高出力：450ps／6500rpm ＊最大トルク：51.0mkg／5500rpm ＊圧縮比：8.3：1 ＊タイミングシステム：DOHC／4バルブ 水冷空冷併用 ＊燃料供給：ボッシュ・モトロニック，ツイン・クーラー付きツイン・ターボチャージャー

【駆動系統】＊駆動方式：4WD ＊変速機：6段 ＊タイア：（前）235/45VR17 （後）255/40VR17／275/45VR17

【シャシー／ボディ】＊形式：2ドア・クーペ ＊ボディ：プラスチック／アルミニウム ＊乗車定員：4名 ＊サスペンション（前／後）：ダブルウィッシュボーン／コイル，ツイン・テレスコピック・ダンパー，スタビライザー ＊ブレーキ：ベンチレーテッド・ディスク／ABS ＊ステアリング：ラック・ピニオン

【寸法／重量】＊全長×全幅×全高：4260×1840×1280mm ＊ホイールベース：2300mm ＊トレッド：（前）1504mm（後）1550mm ＊車重：1566kg

まったく同じというわけではない

ちらっと見た限りでは室内は911のそれとよく似ている。実際は、340km/hまで数字を刻まれたスピードメーターのあるインストルメントパネルと、リアデファレンシャル・ロック率／フロント・トルク配分メーターなど、相違点がいくつかある。

さてディテールを眺めてみよう。ターボチャージャー付きエンジンは贅沢な2.85ℓで、水冷4バルブのシリンダーヘッドを持ち、シリンダーはニカシル製だ。ツインターボを備え、4本のカムシャフトはタイミングチェーンで駆動される。（14mmではなく）12mm径のプラグを採用するが、その電極は銀かプラチナ製である。点火時期、燃料噴射はボッシュのモトロニックが制御する。ターボチャージャーは2ステージ方式で、低回転時とスロットルペダルを軽く踏んだときに最初のターボが稼働し、ふたつめのターボは回転が上がると稼働する。最高出力は450ps／6500rpmだが、7600回転まで回すことができる。ポルシェ発表の最高速度は315km/hだったが、クワトロルオーテのテストでは317km/hを記録した。

素晴らしさはこれで終わるわけではない。ボディは亜鉛処理鋼板で構成され、アウターパネルはケブラー、フロントバンパーはポリウレタンフォーム、ドアとフードはアルミ製である。ABSは各車輪に備えられたセンサーのおかげで、全輪がロックしたときでもすぐにアンチロックを作動させる。このシステムは、この時代の四輪駆動車では唯一のものだった。

タイアはダンロップのデンロックが採用されたが、これはタイアがパンクしても車体をコントロールできる優れたものだった。

ではドライビングは――。これはこのクル

マをテストする機会に恵まれたクワトロルオーテの幸運なジャーナリストの言葉を引用しよう。

「たとえ959に初めて座ったとしても、911をよく知っている人間なら慌てることはない。スタートはスロットルペダルに触れることなしに、いつもどおりイグニッションキーを回せばいい。そうすれば、6気筒水平対向エンジンがひとりでに目を覚ます。

スロットルに問題はないが、クラッチにはわずかばかりの注意が必要だ。とはいえ、過剰な気配りは必要ない。いわゆるG（低い1速）か“本当の”1速か、適正なギアを選べばいいだけだ。しかし1速は、ドライバーにとってもクラッチにとっても楽しいものではない。ポルシェによれば回転を限界まで活用すれば100km/hまで到達できるという。959は6段のスポーツギアが用意されているが、このクルマのスピードを考えると、実際、6速まで必要なはずだ。

スタートする前に確認しておくことがある。道の状況は？ ドライ、それともウェット、いや、凍っているか。正しい駆動プログラムを選ぶ。ダンパーのことも考えておこう。柔らかい、ふつう、硬い、この3種類から選択する（選んだあとはコンピュータが車速に応じて減衰力を変化させる）。

限界ルック
911の技術の限界を追求した959。同じことがデザインにもいえる。自動車ファン待望のオブジェは、テニスプレーヤーのマッツ・ウィンダーやカラヤンといった世界のVIPの手に渡った。

エキスパート・ドライバーのため

クワトロルオーテは1987年11月に959をテスト。10回のテストで最高速度317km/hを記録した。959は常に世界トップのスピードを誇る。ポルシェが用意した取扱説明書ではドライバーに対して慎重な運転、特に公道では充分な注意を払うよう記されている。ハイスピードでわずかにアンダーステアが顔を覗かせるが、走行安定性はいい。タイトコーナーでは、ドライバーはクルマのリアクションに細心の注意を払わなければならない。

QUATTRORUOTE ROAD TEST

最高速度(6速使用時)	km/h	0—180	10.5
	317.000	0—200	13.3
発進加速		停止—400m	11.8
速度(km/h)	時間(秒)	停止—1km	21.6
0—80	3.0	燃費(6速コンスタント)	
0—100	3.7	速度(km/h)	km/ℓ
0—120	5.3	最低	7.6
0—140	6.5	最高	4.2
0—160	8.5	平均	5.8

ゆっくりスタートしてみよう。スロットルペダルを踏む。4速で50km/h。道は空いていて障害物は見当たらない。このギアだと200km/hを超えるのは簡単だ。想像していたよりずっと速く到達する。ブースト圧が2barまで上昇、回転数は3000rpm。959はこの間も加速を続ける。印象的だが、誉めるほどではない。しかし、2番目のターボが効くとこんな流暢なことはいっていられない。まるで地獄だ——。

凄みのある音とともに959は飛びかかるように激しく前に進む。ヘッドレストは事故のときだけ頭を支えるものではなかった、これを実感する。

シフトチェンジを忘れたときはモトロニックがひとりでにカットオフする。

直進性はいい。わずかにアンダーステアが出るが、信頼を失うような挙動を見せることはない。これは限界まで同じで、信頼できる。技術の限界まで、ドライバーの限界まで信頼できる。200km/hから停止まで160m、最高速度から停止までは400m。ほら、凄いクルマだと言っただろう——」

モータースポーツ　ファラオ・ラリー 1985

ツインターボで初めて

1985年10月10日から20日まで、砂漠を行く3750kmのファラオ・ラリーにポルシェがオフィシャルチームを組んで初めて挑んだ。2台参加した959は6気筒ツインターボ。元F1ドライバーのジャッキー・イクスは優勝確実といわれていたが、スタート地点から12kmのところで煙とともに消えた。代わって優勝したのはアラブのプリンス、サエッド・アル・アジリ、カタールのチャンピオンだった。3時間後、ポルシェ928のV8エンジン（300ps）を搭載したメルセデス280GEがゴールした。

928 S4 1986～1991

不変の室内
ていねいに仕上げられた室内。クワトロルオーテによればS4（下はテスト中）のドライビングシートにSのそれとの違いはあまり見られない。

928のフェイスリフトについて、ポルシェでは1982年からすでに検討を始め、アナトール・ラピーヌの手になるデザインも含めて1986年モデルで実現に移された。

もっとも意味あるモディファイはフロントとリアのライトだろう。フェイス部分ではふたつだったエアインテークがひとつになった。リア部分ではスポイラー（洗車のために取り外しができたが、1988年から固定になった）がスポーティなキャラクターを特徴づけ、また空力を向上させた。

リア・トレッドは245/45のタイア装着のために広くなり、オートマチック・バージョン用にトルクコンバーターが新しくなった。

5ℓのV8、32バルブのエンジンを搭載した

テクニカルデータ

928S4（1987）

【エンジン】＊形式：水冷90度V型8気筒／フロント ＊ボア×ストローク：100.0×78.9mm ＊総排気量：4957cc ＊最高出力：320ps／6000rpm ＊最大トルク：43.8mkg／3000rpm ＊圧縮比：10.0：1 ＊タイミングシステム：DOHC／4バルブ／ベルト，チェーン ＊燃料供給：ボッシュLHジェトロニック

【駆動系統】＊駆動方式：RWD ＊クラッチ：乾式単板 ＊変速機：5段 ＊タイア：（前）255/50VR16 （後）245/45VR16

【シャシー／ボディ】＊形式：モノコック／クーペ ＊乗車定員：4名（2＋2） ＊サスペンション：（前）独立 ダブルウィッシュボーン／コイル，油圧式ダンパー，スタビライザー （後）独立 セミトレーリングアーム／コイル，油圧ダンパー，スタビライザー ＊ブレーキ：ベンチレーテッド・ディスク／ABS ＊ステアリング：ラック・ピニオン（パワーアシスト）

【寸法／重量】＊全長×全幅×全高：4520×1836×1282mm ＊ホイールベース：2500mm ＊トレッド：（前）1551mm （後）1546mm ＊車重：1580kg

QUATTRORUOTE ROAD TEST

最高速度	km/h
	270.000
発進加速	
速度（km/h）	時間（秒）
0―80	4.0
0―120	7.4
0―160	12.2
0―200	19.4
0―220	25.9
停止―400m	13.5
停止―1km	24.5
追越加速（5速使用時）	
速度（km/h）	時間（秒）
70―80	1.8
70―120	9.5
70―160	17.2
70―200	26.8
制動力（ABS）	
初速（km/h）	制動距離（m）
80	26.1
160	104.4
200	163.1

しかしながら、一般の反応はポルシェ・ファンでさえいいものではなく、相変わらず911が好まれた。軽量（といってもさほど軽くなってはいない）でパワーのある（といっても充分というわけではない）CSモデル、クラブスポーツについても同様で、実際、このクルマの寿命は短く、すぐに928GTに道を譲ることになった。これについては、また別のストーリーがある——。

928S4は無鉛ガソリン対応、圧縮比10：1の1種類となり、問題を抱えていたツインディスク・クラッチはシングルになった。

公表された最高速度（1987年4月のクワトロルオーテのテストでも確認）は270km/h。928S4は触媒付きのクルマとしては世界最速、同時にもっとも値段が高い部類に入るクルマだった。その正札は、イタリアでは1億1852万8000リラ、アメリカでは6万2000ドル弱であった。

メディアの反応はポジティブなもので（クワトロルオーテは「パーフェクト」、速く、快適で信頼できるスポーツカーと記した）、1987年には生産台数5403台に達した。8気筒ポルシェとしては最高の結果だった。

10年グルマ

上：928は1980年代の最も意味あるクルマだ。新しいクライアントを獲得はしたものの、ポルシェ・ファンの魂を揺さぶることはなかった。

リアのスポイラーとライトの新しいデザインが特徴で、S4は32バルブV8、320ps。レース・バージョン（左：クラブスポーツ）はオフィシャルな発表ではないが、10psアップしている。

911カレラ(964) 1989〜1994

ピュア
新しくなった964シリーズの911。エクステリアは基本的に同じだが、メカニズムは別物。空力を配慮して、964のスタイリングは1963年のオリジナル911のピュアなそれのまま。

1986年のスペクタクルな959で、ポルシェは911の技術の発展を見せつけた。新しいシリーズを設計するにあたって、このスーパーカーはひとつの目安を与えたが、新シリーズの目的は959の安価バージョンを造ることではなく、むしろすっかり古くなった911を再生することにあった。実際、スポーツカー愛好者は除々にポルシェから離れていく傾向にあり、それはポルシェ社の生存に関わる問題だった。911は変わらなければならない、これだけは明白だった。

1989年1月、ポルシェはカレラ4、コードネーム964のデリバリーを開始。前のカレラに比べると、87%のコンポーネンツが新しくなっている。3.6ℓ／250psのエンジンはツインプラグ方式を採用。もっとも特徴的なのはフルタイム4WDであったことだ。ABSは標準装備された。コイルスプリング・サスペンションも新しくなった(ダンパーはレース仕様)。そして、ようやくパワーステアリングが登場している。

Cd値を向上させるために、アンダーボディは流線型になり、ドライブシャフトを通す用意がなされた。

多くのモディファイのなかで目立つのは可変リアスポイラーで、これは80km/hに達すると自動的に起き上がり、10km/h以下になると格納される。基本的に変わらぬダッシュボー

最後のタルガ

伝統の911のタルガ（写真大）は最後に964で生かされた。カブリオレの社内ライバルであるタルガだったが、さほど評判にはならなかった。

左：カレラ2の新しい室内。インストルメントパネルがモダーンになり、スイッチ類が増えた。

テクニカルデータ

**911カレラ4
（1989）**

【エンジン】＊形式：空冷水平対向6気筒／リア縦置き ＊ボア×ストローク：100.0×76.4mm ＊総排気量：3600cc ＊最高出力：250ps／6100rpm ＊最大トルク：31.6mkg／4800rpm ＊圧縮11.3：1 ＊タイミングシステム：SOHC／2バルブ ＊燃料供給：ボッシュDME S

【駆動系統】＊駆動方式：4WD ＊変速機：5段 ＊タイア：（前）205/55ZR16 （後）225/50ZR16 ＊ホイール：（前）6J（後）8J

【シャシー／ボディ】＊形式：モノコック／2ドア・クーペ ＊サスペンション：（前）独立マクファーソン・ストラット／コイル，油圧式ダンパー，スタビライザー （後）独立 セミトレーリングアーム／コイル，油圧式ダンパー，スタビライザー ＊ブレーキ：ベンチレーテッド・ディスク／ABS ＊ステアリング：ラック・ピニオン（パワーアシスト）

【寸法／重量】＊全長×全幅×全高：4250×1652×1310mm ＊ホイールベース：2272mm ＊トレッド：（前）1380mm（後）1380mm ＊車重：1450kg

【性能】＊最高速度：260km/h ＊発進加速（0−100km/h）：5.7秒

ドだが、インストルメントパネルが完全にリニューアルされた。エアコン・システムも新しくなった。燃料タンクの容量は77ℓである。

1989年10月、ポルシェは技術面、サスペンション、ブレーキをそのまま受け継いだカレラ2を発表する。ボディ・バリエーションはクーペ／カブリオレ／タルガの3種類である。カレラ2には4段オートマチックながらマニュアル感覚が味わえるティプトロニック・トランスミッションが採用されている。1990年モデルからは新しいフライホイールとヘッドライトアジャスターが標準装備で用意された。

初めてオプション（ティプトロニックには標準）で外気温度と燃料、スピードを表示するオンボードコンピューターが採用になった。

伝説のカレラRS、再び誕生

911カレラ・カップからデリバリーされた911カレラRSは、1991年3月のジュネーヴ・モーターショーで発表された。必要最小限の装備のみを備えたロードゴーイング・バージョンで、馬力は（250psではなく）260ps、最大トルクは（31.6mkgならぬ）33.1mkg／4800rpm。車重は120kg減り、エンジンマウントはゴム、車高も低く（40mm）なっている。ポルシェの伝統に沿って、スポーツ／ツーリング（少しコンフォート）／コンペティションの3種類が用意された。生産台数は少なく、スポーツが1916台、ツーリング76台、コンペティションは290台となっている。

911カレラ4にもカブリオレ・バージョン（幌は電動式）とタルガ・バージョンが登場。同時に1990年モデルから、時間差で消える室内ランプ、フロントシートの角度調節機能が設定されたほか、ドアは集中ロックとなっている。

1991年3月、カレラRSが登場、カレラ2より10psアップ、車重は120kg減っている。

またこの時期、一時的（オフィシャルリストには掲載されなかった）に（カレラ4RSのような）カレラ4ライトウェイトなるバージョン

中はすべて新しい
ポルシェによれば、タイプ964は前シリーズと比較してコンポーネンツの87%が新しくなった。

が製作されている。軽量でパワーのあるコンペティション・カーで（265ps）、製作された20台はすべてアメリカに運ばれた。同じアメリカでいえば、120台製作されたカレラ・カップのうち45台がこの国で販売されたが、レースが中止となったため、そのうち25台が公道用にモディファイされた。

1992年モデルのカレラ2／4に新しくカップデザイン・ホイールが採用され、サイドミラーがしずく型になった。すべての911に標準でドライバー／助手席側双方にエアバッグが装着となり（このためダッシュボードがわずかに変更された）、17インチ・ホイール（オプ

変化
964には新技術が詰まっている。カレラ4にはフルタイム4WD（左）が、カレラ2にはマニュアル感覚を味わうことができるオートマチック・トランスミッション、4段ティプトロニック（上）が採用された。
サスペンションもすべて新しくなった。トーションバーがなくなり、（上の図で見える）コイルスプリングが採用された。

30年現役
1993年、911は生誕30周年を迎えた。これを記念して限定モデル(911台)、カレラ4ターボルック(写真小)が発売された。豪華な装備類が特徴。スローガンは、「100年以上、クルマは自由を与えてきた。しかし、ポルシェから自由になることはできない」。
写真はフェルディナント・アレキサンダー(左)と父のフェリー・ポルシェ。

(オプション)装着のため、パワーステアリングが調整された。

アメリカとカナダ用に911アメリカ・ロードスター(もしくはアメリカン・ロードスター)が登場したが、これはカレラ2カブリオレ・ターボルックと同じようなものだった。同じく1992年、北米マーケット向けに911RSアメリカ(値段の安いカレラ2のエントリー・レベルのバージョン)が用意され、これが1993年モデルとなった(オプションはM718)。1993年の初めには、カレラ2スピードスターの生産が公表されている(3000台の予定が実際は936台)。

911の生誕30周年を記念して911台の911記

念モデルが発売となったが、これはワイドボディに豪華装備を奢ったモデルで、カラーは独特なトーンのバイオレットとクラシックなグレーメタリックの2種類だった。

964の販売は次の911、すなわち993のデビュー後も続けられた。これは911RS3.8、RS（ノンターボ）のような、少し特別なバージョンで、3746ccのエンジンは最高出力300ps／6500rpmを発揮、ターボルックを纏い、ドアはアルミ製で18インチ・ホイールを履いたモデルだった。ドイツのユーザーのためには911RSR3.8が用意された。

1994年に964の生産は、カレラ4ターボルック、スピードスターを含めて終了になった。

二者択一
スペシャルバージョン。

左上：911カレラ・カブリオレ・ターボルック。

右上：カレラRS3.8。

上：911RSアメリカ。アメリカ市場向けのエコノミーなモデル。

左：911スピードスター、“スリム・ボディ”。ボディと同色のホイールはオプション。

911カレラ4 インプレッション

とうとう表紙に
1989年6月号、911が初めて表紙に登場。“スーパー・インテグラーレ（スーパー四駆）”カレラ4のテストを担当したのはイヴァン・カペリ。雑誌の値段は5000リラ。ほかにはルノー19 1.2、シトロエンBX16 GTi、アルファ164、フィアット・クロマ（ATモデルも）、オペル・ベクトラ、ルノー25、プジョー405が紹介されている。

サーキットより公道がいい。1980年代、クワトロルオーテのテストに参加したイヴァン・カペリはこう言い切る。テストはヴィゾーラ・ティチノのピレリ・サーキットで行なわれた。カレラ4は「どんな状況でも動じない。パーフェクトなクルマのようだ。ウェットな路面でもひどいオーバーステアにならない」。“ノービス”ドライバーにとっても扱いやすい。しかし限界を試したいドライバーは、「このクルマの動きをよく知っておく必要がある」と、カペリは警告する。

「コーナーの入口では間違いなくアンダーステアだ。いったん進入するとライン取りは難しくない。でも出し抜けにオーバーステアになる可能性がある。これは、ふつうはリアエンジンの典型的な挙動なんだけどね。サーキットでは敏捷性に乏しいかな、特にコーナーが続くと」

ドライバーはこう続ける。カレラ4は「荷重の移動をすごく感じる。公道では充分リジッドだけど、サーキットでは少しソフトな印象を持った。ローリング、つまり左右方向の揺れと、フロントとリアの前後方向の揺れを感じた。こういうことって大きな問題じゃないけれど、異なるふたつの顔を知っておいたほうが状況を判断するのにはいいからね」。

どうやったら修正できる？「計算され尽くした技術だからね。ポルシェの技術陣が予測した状況を超えると難しいね。いずれにしてもアンダーステアからあっという間にオーバーステアに変わることは間違いない」

そういう状況ではステアリングは助けてくれないかい？ そう、インタビュアーが尋ねる。

「パワーステアリングはすごくいい。ロースピードでは軽くて、正確でクルマの動きによく連動している。といっても、軌道修正がいつもできるとは限らない。でも全体としては、クルマの動きはすごくいいよ」

ブレーキについては、「ABSがいいから、マキシマムに踏んでも危険なロックを避ける。耐久性もあって、限界まで踏んでもフェードするようなことはなかった」。

エンジンはどうだろう。「どんな状況でもいいね。従順でフレキシブル。ゆっくり走ってるときにもね。低回転でもトルクがある。全開のパワーには迫力があるよ。高回転まで一気に上がる。リミッターが効くから恐くない。同時に静かなエンジンだっていう印象も持った」

インタビュアーはギアボックスの質問でインプレッションをまとめた。

「公道でも、レーシングカーのそれのような正確さと速い動きが要求されるサーキットでも理想的。ノーマルなツーリングカーとは明らかに異なる。スポーティなドライビングには、6気筒エンジンを充分に生かせるギアボックスだよ」

PERFORMANCES

最高速度	km/h
	261.656
燃費（5速コンスタント）	
速度（km/h）	km/ℓ
60	13.2
80	12.4
100	11.3
120	10.0
140	8.5
160	7.2
180	5.9
発進加速	
速度（km/h）	時間（秒）
0—60	2.6
0—80	4.2
0—100	5.7
0—120	8.1
0—140	10.3
0—160	13.5
0—180	17.2
停止—400m	13.9
停止—1km	25.2
追越加速（5速使用時）	
速度（km/h）	時間（秒）
70—80	2.2
70—100	6.7
70—120	11.5
70—140	16.5
70—160	21.5
70—180	26.6
70—200	31.9
制動力（ABS）	
初速（km/h）	制動距離（m）
60	13.4
80	23.8
100	37.1
120	53.5
140	72.8
160	95.1
180	120.3
200	148.5

ニュアンス
休憩中（左ページ）と、ビッツォーラ・ティチノ（ミラノ郊外）のピレリのコースでテスト中のイヴァン・カペリ。ミラノ出身のこのドライバーはクワトロルオーテのインタビュー中、ドライビングの感覚を伝えるニュアンスを慎重に選んで答えた。

928 GT／GTS 1989〜1995

アンテナとタイア
928GT（右：1990年モデル）にはタイアの空気圧をチェックするセンサーが装着された。このため、ラジオアンテナはルーフの後方部に移動されている。
1992年GTS登場（下：1995年モデル）。350ps、5.4ℓ。1995年まで生産された928は合計6万1221台で幕を下ろした。

10psアップしたにもかかわらず（公式発表ではないが）、またレース仕様になっていたにもかかわらず、928S4クラブスポーツはパッとしたクルマではなく、あっという間にポルシェのカタログから姿を消した。1989年3月にGTモデルが登場したときのことだ。

このニューモデルはCSからエンジン、ホイールとタイア、その他、メカニカルなディテールを受け継ぎ、馬力は、これは公式発表だが、330psだった。圧縮比は10：1。S4と並ぶモデルとなった。

双方ともポルシェがボッシュと共同開発した“電子式”タイア圧コントロールシステムが標準で採用された点が新しい。タイア圧が低くなるとダッシュボード上の警告ランプが点灯するのだが、これ以外にもモニターが21ヵ所にもわたる項目をチェックするシステムが採用になった。このシステムの機能にラジオアンテナが従来の場所では邪魔になったため、ルーフの後方に移動されている。

エクステリアデザインでいうと、GTとS4の違いはサイドビューにあるが、結果的にそれほど大きな差は感じられない。

GTは、最初の年は369台が生産された。パフォーマンスはS4と似ていたが、こちらのほうが活発だった。1990年には生産台数が997台となる。この年のモデルにはエアバッグ（標準かオプションかはマーケット次第）が装

CSの遺産
928GTはS4クラブスポーツからホイールと太いタイアを受け継いだ。V8 5ℓ、公式発表された馬力は330ps。

テクニカルデータ

928GT（1990）

【エンジン】＊形式：水冷90度V型8気筒／フロント ＊ボア×ストローク：100.0×78.9mm ＊総排気量：4957cc ＊最高出力330ps／6200rpm ＊最大トルク43.8mkg／4100rpm ＊圧縮比：10.0：1 ＊タイミングシステム：DOHC／4バルブ／ベルト，チェーン ＊燃料供給：電子制御マルチポイント・インジェクション，ボッシュLHジェトロニック

【駆動系統】＊駆動方式：RWD ＊クラッチ：乾式単板 ＊変速機：5段 ＊タイア：(前) 225/50ZR16 (後) 245/45ZR16

【シャシー／ボディ】＊形式：モノコック／クーペ ＊乗車定員：4名 (2+2) ＊サスペンション：(前) 独立 ダブルウィッシュボーン／コイル，油圧式ダンパー，スタビライザー (後) 独立 トレーリングアーム／コイル，油圧式ダンパー，スタビライザー ＊ブレーキ：ベンチレーテッド・ディスク／ABS ＊ステアリング：ラック・ピニオン(パワーアシスト)

【寸法／重量】＊全長×全幅×全高：4520×1836×1282mm ＊ホイールベース：2500mm ＊トレッド：(前) 1551mm (後) 1546mm ＊車重：1580kg

いつも同じ
928のメカニカル・レイアウトは1977年から基本的に同じ。GTモデルにリミテッド・スリップ・ディファレンシャル（LSD）が装着された。

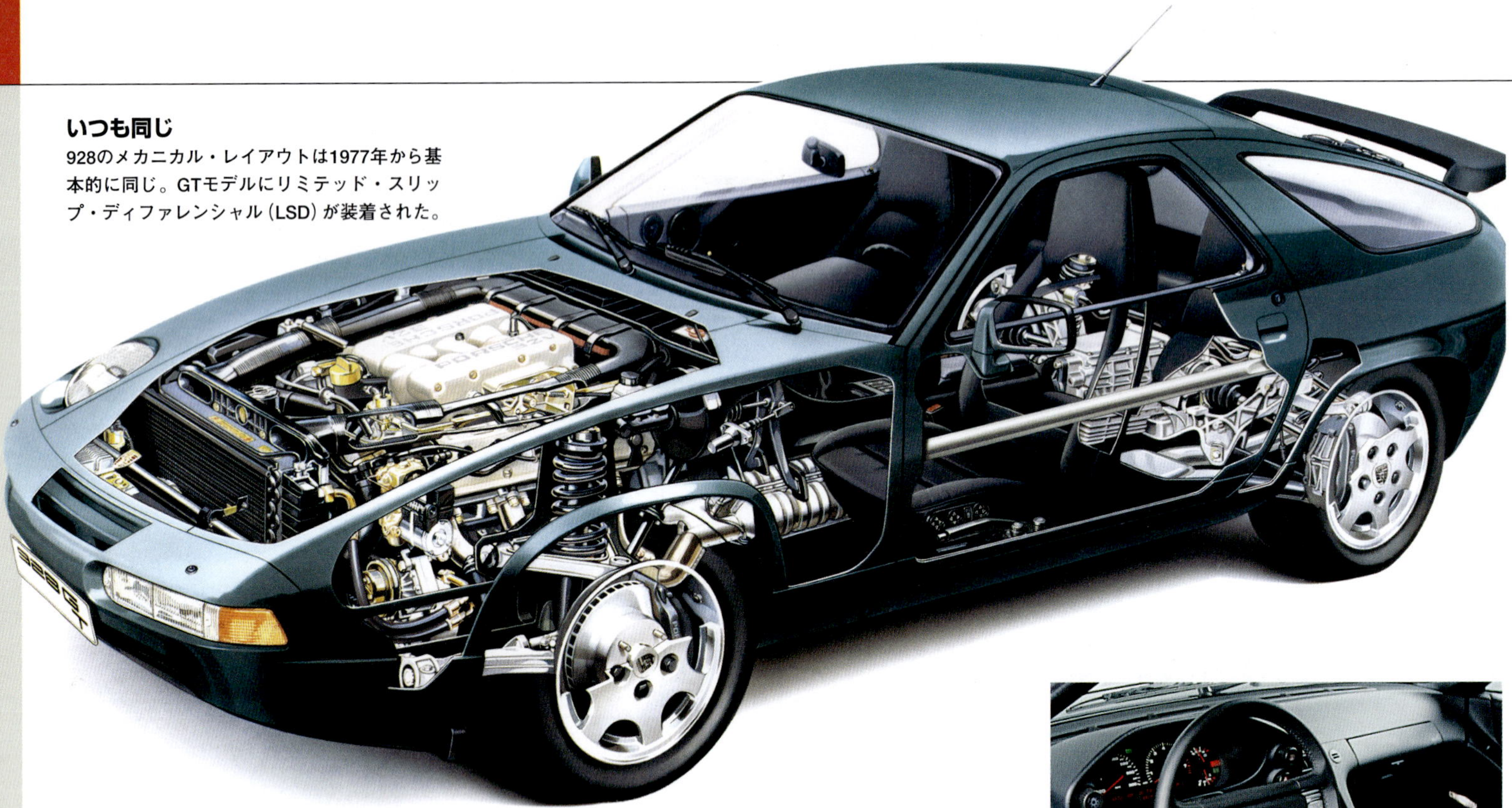

クラシックなドライビングポジション
ステアリングホイールは革巻。広々としたダッシュボード。すべての高さ調節が可能。

着されたため、ステアリングホイールが変わり、ダッシュボードも一部変更となった。

クワトロルオーテは1990年のGTをテストした。ステアリングを握ったのはイヴァン・カペリである。

1992年モデルには5.4ℓ／350psのエンジンを搭載した928GTSがデビュー。最後の重要なニュースだった。その後、3年間はたいしたモディファイは行なわれず、1995年、928はリタイア。18年の難しい人生であった。生産台数は合計6万1221台で、このうち5分の2がアメリカで販売された。

928 GT インプレッション

1990年9月、クワトロルオーテは928GTとBMW850iの対決を掲載。13年の歳月が2台のクルマを引き離した。実際、技術面でも公道上での動きも、この2台はまったく異なるスポーツカーだった。

いつもどおり、テスターはイヴァン・カペリ。これが彼のインプレッションだ。

「850iは生彩に欠けるクルマだね。個性がないというか。ポルシェは動くポートレートだ。スタイルは独特、バランスがいい。シートも悪くない。操作類に手を伸ばすのもラク。室内はいいと思う。でもBMWと比較するのは無理だよ。ターゲットが違う感じがする。BMWはコンフォートに主眼が置かれてると思う」

928に搭載された8気筒は、カペリによれば「低回転時でもいいし、高回転になるとぐっと強くなる。スポーツカーとしては100点満点以上」。

そして話はブレーキに移る。「全体的には悪くない。ただテストの終わりの頃に少し疲労したな。何周か“引っ張った”あとにね。ペ

ドイツのスーパーカー
1990年9月号『クワトロルオーテ』の売りは928GTと、強烈なニューカマー、表紙を飾ったBMW850i。ほかにはアルファ・ロメオ33スポーツワゴン、VWゴルフ、パサート、フィアット・ティーポ1.8、スーパーカーはフェラーリ・モンディアル・オートマチック。

左：928GTのテスター、イヴァン・カペリ。

ダルがルーズになって、効きが悪くなった。もちろん、シリアスに考えるほどのことじゃなかったけど」

ステアリングは「レーシングカーを思わせる。情報を正確に伝えるし、バランスや軌道の変化をクイックに伝える」。

ギアボックスについては、「ギアは入れづらい。レバーは速く動かそうとすると、なにかにぶつかる感じがする。これもちょっとした欠点だね。スポーツカーとしては汚点かな。ギア比は悪くない。エンジンをフルに使うのによく合っている」。

直進性の話をせずにインタビューを終えることはできない。

「すごくホットなスポーツカー。こういう点で928は理想的だ。どんな状況でも最高のスタビリティを発揮するし、レスポンスが素早い。軌道修正のキャパシティも高い。理論的には運転しやすいクルマだし、どんな状況にも対応できる高い安全性を備えている。そういう意味ではエキスパートを裏切るようなことがない。基本的にはニュートラルだけど、自在にパワーを使うことができるから、コース取りも楽だ。エキサイティングなアンダーステアのおかげでね」

長所と短所
イヴァン・カペリのインプレッションでまとめる『クワトロルオーテ』のタイトルは「楽しさいっぱい」。“ベリー・グッド”がたくさんついた。スポーティなパフォーマンス、安定性の高さ、パワーがある柔軟性に富んだエンジン。ロールとハンドリングが難点。

PERFORMANCES

最高速度	km/h
	274.512

燃費(5速コンスタント)	
速度(km/h)	km/ℓ
60	10.8
80	10.3
100	9.5
120	8.5
140	7.3
160	6.3
180	5.3

発進加速	
速度(km/h)	時間(秒)
0—80	4.6
0—100	6.1
0—120	8.2
0—140	10.3
0—160	13.3
0—180	16.7
0—200	20.7
停止—400m	14.2
停止—1km	25.3

追越加速(5速使用時)	
速度(km/h)	時間(秒)
70—80	2.1
70—100	6.1
70—120	10.1
70—140	13.9
70—160	18.3
70—180	21.3
70—200	28.3

制動力	
初速(km/h)	制動距離(m)
60	14.4
100	40.1
120	57.7
140	78.6
160	102.6
180	129.8
200	160.3

モータースポーツ CARTシリーズ 1989

ドイツ対アメリカ（ひとりのイタリア人のおかげ）
1989年9月3日、CARTのチャンピオンシップがミッド・オハイオで行なわれた。優秀なアメリカ人ドライバーと“メイド・イン・アメリカ”の強力なクルマが勢揃いしたが、勝ったのはイタリア人ドライバー、テオ・ファビで、マシーンはV8ターボ／2649cc／720psのポルシェ・マーチ89Cだった。

911ターボ3.3(964) 1990〜1992

17インチが似合う

911ターボはクーペ・ボディのみ。このクルマは明らかに911カレラ2からヒントを得ているが、幅広の"ティートレイ"ウィングを筆頭に、前のターボのスタイルを保っている。このバージョンでは初めて17インチ・ホイールが標準装備になった。

1989年7月からわずかの間、リストから姿を消した911ターボが、まったく新しい姿となって再び現れたのは1年後のことだった。

1990年9月、バリエーションはクーペのみの911ターボが、964シリーズの911カレラ2/4のボディを纏って登場した。

水平対向3.3ℓには新しいターボチャージャー(最大ブースト圧0.7bar)と大型のインタークーラーが装着されている。5段ギアボックス、ゲトラク製G50が続けて採用になったが、ブレーキシステムはABS付き、ディスク径は前322mm/後299mmと大きくなった。

1990年代のターボの出来は911の中で最も良い。標準で17インチのカップデザイン・ホイールを履き、タイアは前205/50ZR17/後

曲がりくねったプロフィール
上から眺めると911ターボの特徴である強調されたホイールアーチが目立つ。ダッシュボードのレイアウト（左上）は基本的に変わらないが、エアバッグが新しい。

255/40ZR17（ノンターボではオプション）である。フロント21mm／リア22mmのアンチロールバーが装着された。

911ターボはノンターボのリアスポイラーではなく、前のターボの“ティートレイ”タイプが採用されているが、これは大型になったインタークーラーのためである。とはいっても、エアロダイナミクスがおざなりにされることはなかった。リアのウィングとフロントのそれを装着しながらもバランスをとることが求められたし、前モデルに発生した問題を忘れるわけにはいかなかったからだ。幅広になったフェンダーが印象的だ。

排気量は3299ccで以前と変わらず、最高出

テクニカルデータ

911ターボ3.3 (1990)

【エンジン】＊形式：空冷水平対向6気筒／リア縦置き ＊ボア×ストローク：97.0×74.4mm ＊総排気量：3299cc ＊最高出力：320ps／5750rpm ＊最大トルク：45.9mkg／4500rpm ＊圧縮比：7.0：1 ＊タイミングシステム：SOHC／2バルブ ＊燃料供給：ボッシュ・KEジェトロニック

【駆動系統】＊駆動方式：RWD ＊変速機：5段 ＊タイア：(前) 205/50ZR17 (後) 255/40ZR17 ＊ホイール：(前) 7J (後) 9J

【シャシー／ボディ】＊形式：モノコック／2ドア・クーペ ＊乗車定員：4名 ＊サスペンション：(前) 独立 マクファーソン・ストラット／コイル，油圧式ダンパー，スタビライザー (後) 独立 セミトレーリングアーム／コイル，油圧式ダンパー，スタビライザー ＊ブレーキ：ベンチレーテッド・ディスク ＊ステアリング：ラック・ピニオン (パワーアシスト)

【寸法／重量】＊全長×全幅×全高：4250×1775×1310mm ＊ホイールベース：2272mm ＊トレッド：(前) 1442mm (後) 1499mm ＊車重：1470kg

【性能】＊最高速度：270km/h ＊発進加速 (0—100km/h)：5.0秒

外は少ししか変わらないが、中身はニューカー

パワーアップとこれに伴うパフォーマンスの変化以外に、新しくなった911ターボ3.3には、たとえばコイルスプリングのトーションバーの代わりにコイルスプリングのサスペンションやABS付きのブレーキシステムなど、多くの新しさが盛り込まれている。

力は320ps／5750rpm、最大トルクは45.9mkg／4500rpmを発揮する。また、すべてのマーケット用に三元触媒とラムダ・センサーが装着された。

コンフォート感を高めるために、エンジンマウントには油圧式が採用され、バイブレーション軽減のためフライホイールはツインマス型になった。アクセサリー類は明らかにノンターボ・バージョンより進化、オートマチック・エアコン、オンボードコンピューター、当然ながらターボチャージャーの圧力を掲示するターボゲージはデジタルである。

964をベースにするターボ3.3の生産は4107台（うち674台がアメリカ向け）をもって終了した。値段は2億729万リラだった。

80台のみ

1992年、ポルシェは911ターボSを用意した。これはスーパー・スペシャル・バージョンで、車重が軽くなっているほか、911ターボよりパワーもアップしている。最高出力は381ps／6000rpm、最大トルクは50.0mkg／4800rpm。室内は911カレラRSと酷似している。バケットシート、最小限に抑えられた装備類、プラスチック素材を使ったドアとフード。車重は1290kg、通常のターボより190kgも軽くなっていた。

911ターボ3.3(964) インプレッション

7年続いたイヴァン・カペリとクワトロルオーテのコラボレーションは、彼がフェラーリに呼ばれたことで終わりを告げる。カペリに代わってテスト車のステアリングを握ることになったのは、フォーミュラ3000に続いて1990年からF1でミナルディに乗る(デビューは1991年のオーストリアGP、フェラーリだった)ジャンニ・モルビデッリ。

これがアルファ・ロメオのバロッコ・サーキットで行なわれた911ターボ3.3の、彼のインプレッションだ。

「最初に感じたのは最高のポテンシャルを持つクルマだということ。馬力は300ps以上だが、動きは荒いものではない、少なくともスタビリティについてはそう言えるだろう。初めは明らかにアンダーステアだけれど、エンジンのパワーと、スロットルとブレーキを使って荷重移動することによって、充分コントロールすることができる」とはいうものの、いつもうまくいくわけではない。ターボエンジンは少し遅れてパワーを発揮するからだ。

モルビデッリによれば、ステアリングは正確に反応する。これはハイスピードでもいえることだ。

「重くもなく、軽すぎることもない。ブレーキも悪くない。ただ、終わりのほうでは少し効きが悪くなったかな。でもこれは普通のことだよ。かなり酷使したし、車重を考えるとね」

ギア比もよくマッチしている。ペーザロ出身のドライバーは、クラッチについてはこんなふうに語る。「クラッチは重いな。調整が簡単というわけにはいかない。でもスポーティなドライビングでは悪くないし、素早い動きにはよくついてくる」

サスペンションについては、スポーツカーにふさわしく固められているが、同時にコンフォート感も高いと語った。好印象だったのはシートと装置類だ。「レーシングカーのそれみたいに回転計が見やすい」距離に問題があるペダルは改良の余地がある。納得いかなかったのはリアのウィングだった。

「いかにも大袈裟すぎるんじゃないか?」

モルビデッリ登場

クワトロルオーテとペーザロ出身ドライバーのコラボレーションがスタートしたのは、1992年2月号(表紙はアルファ・ロメオ155)、911ターボのテストからだった。

PERFORMANCES

最高速度	km/h
	271.400
燃費(5速コンスタント)	
速度(km/h)	km/ℓ
80	10.8
100	9.4
120	8.1
140	7.0
160	6.0
180	5.2
200	—
発進加速	
速度(km/h)	時間(秒)
0—60	2.5
0—100	5.1
0—120	6.5
0—140	9.1
0—160	11.3
0—180	15.1
0—200	18.6
0—220	23.3

停止—400m	13.2
停止—1km	24.0
追越加速(5速使用時)	
速度(km/h)	時間(秒)
70—80	3.3
70—100	9.5
70—120	14.4
70—140	18.5
70—160	22.6
70—180	27.0
70—200	31.8
制動力(ABS)	
初速(km/h)	制動距離(m)
60	14.0
80	24.8
100	38.8
120	55.9
140	76.1
160	99.3
180	125.7
200	155.2

968 1991～1995

1991年10月、最後の944が生産を終えたが、ポルシェでは944に代わるモデル（コードネーム944S3）の開発がこの時期、2年あまりにわたって行なわれていた。3ℓ（4気筒としては記録的な容積）エンジンの馬力を増やし、燃費を良くするという目標が掲げられていた。

幾度にもわたるテストののち、ポルシェのエンジニアは可変バルブタイミング機構、バリオカムの採用を決定する。「あまりに平凡」とクワトロルオーテ誌、1991年のドライビング・インプレッションではこう記しているが、これは将来を見据えた研究の末に出された結論だった。もっと別の、これよりずっとソフィスティケートされた解決策があったにもかかわらず、ポルシェがこういうシンプルなシステムで本質的な問題を解決したことは興味深い。

こうして、1991年のフランクフルト・モーターショーに968の名で（ポルシェ側が決めたことでクライアントの賛同を得ることはできなかった）発表された4気筒は、トルクやパワ

名前まで新しい
944の進化型として考えられていた944S3プロジェクトは、室内以外はデザインもメカニズムもまったく新しいクルマに道を譲ることになる（右上）。968は1991年にデビュー、3ℓ4気筒、240ps。1993年、軽量のスポーツバージョン、CS登場（右下）。

クローズドもいい
幌を開けけても閉めてもどちらでも素晴らしい968カブリオレのライン。28.4%のユーザーがこのラインに魅かれて購入を決めた。

ーではほかの5/6/8気筒に劣るところのないものだった。

6段ギアボックスが標準装備となったが、クワトロルオーテは「柔軟なエンジンのおかげで968はきびきびと走り、ドライバーの要求によく応えてくれる」と記した。

オプションで4段オートマチック、ティプトロニックも用意された。これについては賛否両論があったが、直進安定性については誰もが高く評価した。「968は安定性が高い」とクワトロルオーテも述べている。「ステアリングのレスポンスに問題があるが、これはフロント・サスペンションのジオメトリーのせいだろう」

メカニズム以外では、968はそのラインが新しい。911や928とファミリーだと感じさせるフロントのライト、エアインテークは全体をシャープにしているばかりでなく、室内の空気の循環に貢献している。バンパーの材質がポリウレタンになり、ボディと一体化した。

いっぽう、ダッシュボードは基本的に同じだが、外気温度計とスピーカーが変わった(アンテナは、クーペはルーフ上、カブリオレはフロントグラスに)。デュアルエアバッグは標準装備である。

値段は944S2より安くなったが、これは大衆が受け入れやすいようにというポルシェの狙いだった。生産は1日35台でスタート、クーペもカブリオレも同じペースだったが、最終的に生産されたのは1万1602台で、期待された数よりずっと少なかった。

1993年に話を戻そう。1月、最高出力

動じない
「24時間、スロットルペダルを踏み続けるとどうなるか。ポルシェならなんでもない」明快な答えだ。

テクニカルデータ

968（1992）

【エンジン】＊形式：水冷直列4気筒／フロント縦置き ＊ボア×ストローク：104.0×88.0mm ＊総排気量：2990cc ＊最高出力：240ps／6200rpm ＊最大トルク：31.1mkg（DIN）／4100rpm ＊圧縮比：11.0：1 ＊タイミングシステム：DOHC／4バルブ ＊燃料供給：電子制御マルチポイント，ボッシュKジェトロニック

【駆動系統】＊駆動方式：RWD ＊クラッチ：乾式単板 ＊変速機：6段 ＊タイア：（前）205/55ZR16 （後）225/50ZR16

【シャシー／ボディ】＊形式：モノコック／クーペ ＊乗車定員：4名（2＋2） ＊サスペンション：（前）独立 マクファーソン・ストラット／コイル，スプリング，油圧ダンパー，スタビライザー （後）独立 セミトレーリングアーム／トーションバー，油圧ダンパー ＊ブレーキ：ベンチレーテッド・ディスク／ABS ＊ステアリング：ラック・ピニオン（パワーアシスト）

【寸法／重量】＊全長×全幅×全高：4320×1735×1275mm ＊ホイールベース：2400mm ＊トレッド：（前）1472mm（後）1451mm ＊車重：1370kg

【性能】＊最高速度：252km/h

バリオカム

トランスアクスルの信頼に支えられた968は、たくさんの新しい要素を持ったクルマとして登場した。たとえばバリオカムもそのひとつだ。

下：1993年のターボS、評判にならなかったクルマ。

305ps／5400rpmの968ターボS（50〜100台の予想に反して生産台数は17台のみ）が登場、続いてこのクルマのスポーティな部分を活かし、軽量になった968CS（クラブスポーツ）が発表となる。このモデルの評判は上々だった。

1995年は968が最後にカタログリスト入りした年だ。1975年11月に924が登場してから20年あまりの歳月が流れた。この間、4気筒のトランスアクスルを搭載したクルマは32万5822台が製作され、時代は終わりを告げた。

モータースポーツ　ルマン24時間耐久　1994

トリプル・サクセス
1994年6月18〜19日、マウロ・バルディ／ヤニック・ダルマス／ヒューレー・ヘイウッド組が駆るダウアー・ポルシェ962LMが、伝説のフランスのレースで優勝を果たす。GT1のカテゴリーでも1位、カレラRSRがGT2のカテゴリーで優勝し、ポルシェは一度に3つのタイトルを獲得することになった。

911ターボ3.6 1993〜1994

1993年11月、再び911ターボのパワーアップ・バージョンがデビューする。その名のごとく、ターボ3.6は水平対向6気筒3600cc、ノンターボのカレラと同じだ。実際、ターボ3.6にはカレラ2と同じクランクシャフト、シリンダーヘッド、コネクティングロッド、クランクケースが流用されている。ピストンとカムシャフトが新しくなっているのがノンターボとの違いである。

18インチ
エンジンフードのスクリプト（右ページ）以外にも、18インチ・ホイールが3.6の証。

サスペンション
911ターボ3.6のサスペンション・レイアウトは（964シリーズからデリバリーされた）911ターボ3.3からの流用。後輪駆動。駆動をコントロールするエレクトロニック・システムは採用されていない。

新しい911ターボは、スペースの問題から1気筒に2プラグではなく1プラグとなり、噴射システムは前の911ターボのそれが流用された。

前の3.3ℓと比較すると、ニューモデルは圧縮比が7.1から7.5：1になり、最大ブースト圧は0.85barとなった。最高出力は320psから360ps／5500rpmへ、ポルシェによれば燃費はそのまま、もしくは向上しているという（いずれにしても燃料タンクはオプションで92ℓが用意された）。911ターボ3.6はエンジンフードのスクリプトに特徴があって、排気量を示す数字が描かれている。18インチの新しいホイールはイタリアのスピードライン製（前8J×18／後10J×18）で、タイアは前225/40ZR18／後265/35ZR18が装着される。

今回もまた、数値的にターボはノンターボ・バージョンを引き離している。ターボの最高速度は280km/h、0−100km/hはなんと4.8秒である。0−1kmは23秒ちょっと、正確には23.3秒だった

テクニカルデータ

911ターボ3.6 (1993)

【エンジン】＊形式：空冷水平対向6気筒／リア縦置き ＊ボア×ストローク：100.0×76.4mm ＊総排気量：3600cc ＊最高出力：360ps／5500rpm ＊最大トルク：53.0mkg／4200rpm ＊圧縮比：7.5：1 ＊タイミングシステム：SOHC／2バルブ ＊燃料供給：ボッシュKEジェトロニック

【駆動系統】＊駆動方式：RWD ＊変速機：5段 ＊タイア：(前)225/40ZR18 (後)265/35ZR18 ＊ホイール：(前)8J (後)10J

【シャシー／ボディ】＊形式：モノコック／2ドア・クーペ ＊乗車定員：4名 ＊サスペンション：(前)独立 マクファーソン・ストラット／コイル，油圧式ダンパー，スタビライザー (後)独立 セミトレーリングアーム／コイル，油圧式ダンパー，スタビライザー ＊ブレーキ：ベンチレーテッド・ディスク ＊ステアリング：ラック・ピニオン(パワーアシスト)

【寸法／重量】＊全長×全幅×全高：4275×1775×1290mm ＊ホイールベース：2272mm ＊トレッド：(前)1442mm (後)1506mm ＊車重：1470kg

【性能】＊最高速度：280km/h ＊発進加速(0―100km/h)：4.8秒

911カレラ(993) 1993〜1998

1992年、ポルシェは会社始まって以来の深刻な危機を迎える。上層部の人間はクルマにどんなキャラクターを与えればいいのか、進むべき方向を見失っていた。おまけに工場の生産システムに問題を抱え、収支は赤字であった。

この時期、代表取締役であったハインツ・ブラニツキの楽観的観測によれば、タイプ964の911は「この先、25年のポルシェ」であり、実際、964の市場評価は満足のいくものだったが、まだ回復の際にいた。なにより964は生産コストが高く、マーケットで長く闘うことができるとは思えなかった。1980年代の終わり、次世代911を決定するときにすでに、ポルシェは間違うことができない状況にあったのだ。

クラシックな手直し

左：1994年型911カレラのダッシュボード。前シリーズとあまり差はない。異なっているのは新デザインの4本スポーク・ステアリングホイールとセンターコンソール上のスイッチ類。シートとドアパネルも新しくなっている。

右上：ステアリングホイール上に備えられたオートマチックのセレクター・スイッチ。

ペーター・ファルクは経験豊かなポルシェの人間で、彼がまとめた20ページにわたるファイルが将来の911、タイプ993（この数字の最後は発表する年を示している）のベースを決めた。

すべて“アジリティ（敏捷性）”という言葉の周りをうろうろしていた。ファルクにとって、この表現こそポルシェの神髄を表すもので、ニューモデルのキャラクターは“アジリティ”が目立っていなければならないと考えた。実際、このコンセプトがマルチリンク・サスペンションを引き出したのだが、1993年にデビューしたニュー911カレラ・クーペは、（964モデルから受け継いだルーフ以外）まったく新しくなっていた。

ちなみにこの時期、ボディを製作していたツッフェンハウゼン工場に手が入れられたた

美しさばかりではない
993のフロントは、明らかに928と968の影響を受けている。リアのワイドなフェンダーは、サスペンションとインタークーラーにスペースを提供した。

テクニカルデータ

911カレラ（1993）

【エンジン】＊形式：空冷水平対向6気筒／リア縦置き ＊ボア×ストローク：100.0×76.4mm ＊総排気量：3600cc ＊最高出力：272ps／6100rpm ＊最大トルク：33.6mkg／5000rpm ＊圧縮比：11.3：1 ＊タイミングシステム：SOHC／2バルブ・2プラグ ＊燃料供給：電子制御インジェクション

【駆動系統】＊駆動方式：RWD ＊変速機：6段 ＊タイア：（前）205/55ZR16 （後）245/45ZR16 ＊ホイール：（前）6J （後）9J

【シャシー／ボディ】＊形式：モノコック／2ドア・クーペ ＊乗車定員：4名 ＊サスペンション：（前）独立 マクファーソン・ストラット／コイル，油圧式ダンパー，スタビライザー （後）独立 マルチリンク／コイル，油圧式ダンパー，スタビライザー ＊ブレーキ：ベンチレーテッド・ディスク／ABS ＊ステアリング：ラック・ピニオン（パワーアシスト）

【寸法／重量】＊全長×全幅×全高：4245×1735×1300mm ＊ホイールベース：2272mm ＊トレッド：（前）1401mm （後）1444mm ＊車重：1370kg

【性能】＊最高速度：270km/h ＊発進加速（0－100km/h）：5.6秒

軽く安定したマルチリンク
時代に沿ってよりモダーンに改良された技術のひとつが、リアサスペンションに採用されたLSA（Lightweight-Stable-Agile）だ。

左：993のエンジン。初めは272ps、そして285psへ。

下：1994年モデルのカブリオレ。

め、クーペ／カブリオレ／スピードスター／ターボの生産が一時、中止になっている。

ニュー・ポルシェのエンジンはいつもながらの3.6ℓだが、馬力は272psで、クランクシャフトの剛性が上がり、コネクティングロッドとピストンが軽量化された。わずかとはいえメインテナンスを楽にする油圧ラッシュ・アジャスターが採用になった。エグゾーストシステムも新たに設計されている。

剛性が上がった カブリオレ

設計が進むなかで、ポルシェの技術陣はルーフのモディファイにも取り組んだ。このスタディは一時、棚上げになったこともあったが、最終的に次の911（996モデル）に活かされた。

下：911カブリオレ。964のオープンと比べるとプラットフォームがリジッドになっている。

ワルに、さらにワルに
1973年の911RSの伝説は993で再び蘇った。タイプは2種類(下)。黄色はカレラRS、赤はカレラRSR。双方ともホイールは18インチを履く。

エンジンマネジメントシステムはボッシュのM2.10。ギアボックスは6段マニュアル(4段のティプトロニックはオプション)。新しくなったリア・サスペンションはマルチリンクLSA(Lightweight-Stable-Agile)、燃料タンク容量は74.5ℓ(92ℓはオプション)。

標準装備のホイールはスポーク間の通風面積が拡大されたカップデザイン93。ワイパーも新しく性能の良いものが装着された。盗難防止アラームも標準で装備されている。メインテナンスは2万kmごととされた。

1994年3月、一から設計されたカブリオレが登場。8月にはオートマチックの操作がステアリング上に備えられたセレクタースイッチで可能になり、ティプトロニックSと呼ばれるようになった。10月にはより軽量でシンプルになった911カレラ4が、新設計のビスカスカップリングで駆動されるフルタイム四輪駆

レースの味つけ

1995年2月、カレラRS(左の黄色のボディ)とカレラRSR(大きなリアスポイラー付きの赤いボディ)がデビュー。排気量は3.8ℓ、最高出力300ps/6500rpm。バリオラム・システムを搭載。リミテッド・スリップ・ディファレンシャル(LSD)とディスク径322mmのベンチレーテッド・ディスクブレーキが採用された。ステアリングホイールの外径は360mm。調節可能のアンチロールバー、RSRのリアウィングは傾斜角度が調節できるようになった。
たとえ通常は公道で使うドライバーがほとんどだとしても、基本的に2台ともコンペティション用に設計されたものだ。RSに快適さはなかったが、これこそレースの味とでもいおうか、このクルマのキャラクターだ。
911カレラRSには、アクセサリー類を排除したベースモデル以外にレース用のRSRが用意された(クラブスポーツとも呼ばれた)。
フラットシックス・エンジンの最大トルクは36.2mkg/5400rpm。最高速度277km/h。0−100km/hは5秒。ノーマルの911クーペより、車重が100kg軽くなっている。
1995年6月、クワトロルオーテのリストによれば、911RSのプライスは1億7854万3000リラ。ノーマル・カレラより2400万リラ高かった。

動システムを搭載して登場する。1995年8月には、電動でリアウィンドーの内側に向かって開閉する広々としたクリスタル・ルーフ付きの911タルガが追加された。ホイールは前7J×17／後9J×17、タイアは205/50ZR17と255/40ZR17が用意された。

911カレラ4Sは911ターボの（リアスポイラーなし）シャシーとブレーキシステムを搭載してデビュー。車高が低くなり、新しいホイールは18インチとなった。エンジンは911クーペ／カブリオレ／タルガのそれで、バリオラムと大径バルブの採用によって出力は285psにアップした。

1996年8月はカレラSの番だ。いつもながらシャシーは911ターボのそれで、二輪駆動。カーオーディオにクルマのスピードによって自動的にボリュームを調節するポルシェCR11RD0S911が採用されるなど、モダーンな改良がなされている。

1997年9月、993は、水冷エンジンを搭載した新しい911、タイプ996に道を譲る。カレラ4は翌98年7月まで生産が続けられた。

クーペばかりじゃない
911の少し凝ったショット。

上：クリスタルのルーフは内側に向かって開く。911カブリオレがベース。

中：911カレラ4S。四輪駆動。ボディとブレーキは911ターボからの流用。

下：911カレラS、つまりノーマルなカレラのワイドボディで、911Sには18インチのホイールが標準で装備された。

911ターボ(993) 1995〜1998

ベストのためのベスト
911ターボのステアリングを握るクワトロルオーテのテストドライバー(下)。このターボは前シリーズと比較すると明らかに運転しやすくなっているが、それでもドライビング・キャパシティは平均以上のものが要求される。

911ターボは尊敬される自動車だ。気詰まりでもあり、恐れを呼ぶクルマでもある。なにより、熟練したドライビングが要求される。だからこそ、スポーツカーのアイコンなのだ。

1995年、何度目になるのだろう、ポルシェは911のターボを発表する。

過去との決別、少なくとも技術部分では過去に別れを告げている。ニューターボは、ワイドなオーバーハングやリアのスポイラーといった伝統的なスタイルは維持したものの、ボディの下はすべて新しくなったのだった。

「まぎれもなく新しい」と、1995年6月号でクワトロルオーテは記している。

「エンジンマネジメントシステムとふたつのインタークーラーと連結した、KKK-K16のツイン・ターボチャージャー」

馬力は360psから408psへ。同様にトルクも増え、なんと55.1mkgで、ターボの稼働開始までの時間がおそろしく短くなった。

駆動をダイレクトに後輪に伝えるギアボックスは6段で、ビスカスカップリングと長いトランスミッション・シャフトを持つ。

ふつう、911ターボ(ファンからは993TTと命名された。ふたつのTはツインターボを意味する)は後輪駆動だが、四輪駆動に変化する後輪駆動だ。後輪がバランスを失ったときのみ、最高で40%までトルクが前輪に伝達される。フロントのディファレンシャルは伝統的なそれだが、リアは駆動時が25%、エンジンブレーキ時が40%、オートロックされる。

また、今回採用されたABDの作動範囲は70km/hまでで、この範囲ならホイールスピンが始まっても、スロットルを開ければ内輪の

QUATTRORUOTE ROAD TEST

最高速度	km/h
	289.750

燃費(6速コンスタント)

速度(km/h)	km/ℓ
90	18.7
80	12.5
130	8.6
140	7.9
160	6.9

発進加速

速度(km/h)	時間(秒)
0—60	2.1
0—100	4.3
0—120	6.0
0—130	6.7
0—140	7.6
0—160	9.8
0—200	15.4
停止—400m	**12.4**
停止—1km	**22.7**

追越加速(6速使用時)

速度(km/h)	時間(秒)
70—120	11.6
70—130	13.2
70—140	14.9
70—160	18.5
70—180	21.8
70—200	25.7

制動力(ABS)

初速(km/h)	制動距離(m)
60	13.0
100	36.2
130	61.2
140	70.9
160	92.6
200	144.7

4kg/ps
クワトロルオーテは1995年6月にテストを行ない、優れたパフォーマンスを確認した。テスト車の車重は1595kg。パワーウェイトレシオは1馬力あたり3.9kg。

テクニカルデータ

911ターボ (1995)

【エンジン】＊形式：空冷水平対向6気筒／リア縦置き ＊ボア×ストローク：100.0×76.4mm ＊総排気量：3600cc ＊最高出力：408ps／5750rpm ＊最大トルク：55.1mkg／4500rpm ＊圧縮比：8.0：1 ＊タイミングシステム：SOHC／2バルブ ＊燃料供給：電子制御インジェクション，ツイン・インタークーラー付きツイン・ターボチャージャー

【駆動系統】＊駆動方式：4WD ＊変速機：6段 ＊タイア：（前）225/40ZR18 （後）285/30ZR18 ＊ホイール：（前）7J（後）10J

【シャシー／ボディ】＊形式：モノコック／2ドア・クーペ ＊乗車定員：4名 ＊サスペンション：（前）独立 マクファーソン・ストラット／コイル，油圧式ダンパー，スタビライザー （後）独立 マルチリンク／コイル，油圧式ダンパー，スタビライザー ＊ブレーキ：ベンチレーテッド・ディスク／ABS ＊ステアリング：ラック・ピニオン（パワーアシスト）

【寸法／重量】＊全長×全幅×全高：4275×1795×1285mm ＊ホイールベース：2272mm ＊トレッド：（前）1411mm （後）1504mm ＊車重：1500kg

【性能】＊最高速度：290km/h ＊発進加速（0−100km/h）：4.5秒

軽量になったホイール

1995年の911ターボ、四輪駆動の俯瞰透視図。下の小さな写真は新しくなったリアウィング。
下は新しい軽合金ホイール。30％軽量化されている。

ブレーキトルクのぶんを外輪の駆動力の増加に充てることができる。当然、ブレーキシステムも改良され、キャリパーが変わったほか、ベンチレーテッド・ディスクの外径が322mmになった。

「0−100km/hは4.35秒、いまだかつてない記録だ」、クワトロルオーテはこう記している。「ターボはハイスピードまで強力にプッシュする」 最高速度はおよそ290km/hだった。

同じく1995年、スポーティなユーザーに向けてレース用に仕立てた911ターボを提供する。ワイドなフェンダーが派手な印象を作り

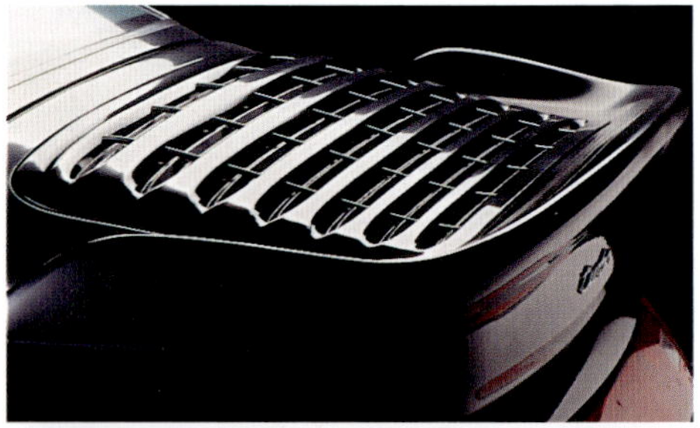

あげているこのクルマの馬力は、初め430psだったが、1998年モデルで450psとなった。後輪駆動が車重の軽減に貢献して、911ターボと比べると205kg軽くなっている。

1997年、古い慣習の埃を払って引っ張りだしたかのように、911ターボSがデビューする。前後のスポイラーがより強調され、後輪のフェンダー前にエアインテークが備えられた。

公式的には、993TTにカブリオレは用意されなかったが、360psの旧型911ターボ3.6のエンジンを使った後輪駆動の993ターボ・カブリオレが12台ほど準備された。

コレクターズ・アイテム、ターボ
同じ911ターボでも、ポルシェはスペシャルバージョンを用意した。
左は1997年の911ターボS。馬力は450ps。下は911GT2のレース仕様のロードゴーイング・バージョン。後輪駆動のみ。430 ps（1998年モデル、つまり1997年から450psになる）。

ボクスター 1996〜

「911カレラに商売を任せる一方で――」、1992年5月、クワトロルオーテはこんなふうに記しているのだが、ポルシェでは将来のスポーツカー、“ニュージェネレーション”のスタディが始まっていた。911の後継としてふさわしいものを与えることを基本に、すでに最終段階に入っていた996（名前どおり、1996年にデビュー）と共に、コードネーム986、2シーターのロードスターのプロジェクトが進められていた。

ポルシェは911の廉価版スポーツカーを考えていたが、同時に“真のポルシェ”でなければならなかった。希望というより、これは絶対であった。

1990年代初め、989（魅力的なスタイルの4ドア・セダン）のプロジェクトが、ユーザーの数を増やすクルマづくりに集中するために中止になった。実際、クワトロルオーテは次のように記している。「1984年から1991年の間に、ポルシェの販売台数は5万台から2万6000台に落ち込んだ。第一の原因はアメリカ市場での販売不振にあった。1984年に2万5000台だったものが1991年には6000台になっていた」

986は販売台数を引き上げ、コスト削減と生産プロセス（これが弱点だった）を改良するために多くのコンポーネンツを996から流用することになった。

クワトロルオーテでは1992年3月号で、すでにミドシップのポルシェ・スパイダーにつ

本当のポルシェ
ボクスターは1996年、市場に投入されたニュージェネレーション・ポルシェだ。2シーター・ロードスター、ミドシップ・エンジンのこのクルマは、911の半分の値段だが、まぎれもなく、かのポルシェであると歓迎された。

プロジェクト986

ボクスターのプロジェクトのコードナンバーは986（写真のプロトタイプのナンバー）。最初のロードスターのエンジンは“フラットシックス”、水冷2.5ℓ／204ps。

QUATTRORUOTE ROAD TEST

	2.5	2.7	3.2S
最高速度			km/h
	238.951	248.718	260.934
燃費(5速コンスタント)			
速度(km/h)			km/ℓ
60	17.3	—	16.8
70	—	15.8	—
80	15.3	14.8	14.0
100	13.3	12.9	11.9
120	11.4	11.3	10.3
130	10.6	10.6	9.7
140	—	10.0	9.1
160	9.0	8.8	8.1
発進加速			
速度(km/h)			時間(秒)
0—60	3.0	3.1	2.8
0—80	4.5	4.8	4.5
0—100	6.6	6.6	6.0
0—120	9.0	9.2	8.7
0—140	11.9	12.2	11.1
0—160	16.4	15.5	14.5
0—180	21.4	20.6	18.5
0—200	—	—	25.1

	2.5	2.7	3.2S
停止—400m	14.7	14.7	14.2
停止—1km	26.9	26.7	25.9
追越加速(5速/Sは6速使用時)			
速度(km/h)			時間(秒)
70—80	2.9	2.6	2.6
70—100	8.7	7.9	7.5
70—120	14.8	13.3	12.7
70—130	18.0	16.2	18.3
70—160	28.7	26.5	24.4
70—170	32.5	—	—
制動力(ABS)			
初速(km/h)			制動距離(m)
60	14.1	13.9	13.7
80	25.0	24.7	24.7
100	38.9	38.6	37.9
120	56.2	55.6	54.6
130	65.7	65.3	64.1
140	76.2	75.7	74.4
150	87.3	—	—
160	99.5	98.9	97.1
180	125.8	—	122.9
200	—	—	151.8

指一本で空が見える

ボクスターのエクステリア・デザインは幌の有無にかかわらず、オプションのハードトップを被せても、どんなスタイルでも魅力的だ。開閉システムはセミオートマチック。初めはマニュアルでレバーを上げ、サイドブレーキを引き、それからダッシュボード上のスイッチを押せば開く仕組み。

いて記述しはじめていたのだが、1993年のデトロイト・ショーで魅力的なこのプロトタイプに“ボクスター”という名前が与えられた。エンジンタイプ“ボクサー”とポルシェの十八番である“スピードスター”をミックスした名前である。

1996年春、オフィシャルフォトが出回りはじめる。9月にはクワトロルオーテが最初のインプレッションを掲載した。

「室内はまぎれもなくポルシェだ。ステアリングホイールの左側、911独特のイグニッションスイッチにキーを差し込み、回した瞬間から、ポルシェだと感じる。シートとステアリングホイールの調節機能を含めて、整然とした室内には充分なスペースが用意されている」

ボディは魅力的。エンジンはもっと魅力的

Sの違い

ボクスターのデビューから3年後、ポルシェはパワーアップしたボクスターを投入する。長く守られてきた伝統に従って“S”と付いたモデルだ。S（上）は3.2ℓエンジン搭載、馬力は250ps。

右：120km/hになると自動的に出るリアスポイラー。写真はリアのトランクだが、フロントにももうひとつ、トランクスペースを備える。

だ。「すでにアイドリングからエンジン音はまぎれもなくポルシェのそれだ。スロットルペダルを踏み込むとエンスージアスティックな音に変わる。911の特徴である“ファン”の騒音が欠けていることは重要な意味を持たない」

ボクスターはもはや空冷ではない。実際、すべてが新しくなったこの車が残した“古さ”は“ボクサー”であることと6気筒、ドライサンプくらいのものだった。

排気量は2480cc。ダブルカムシャフト、1気筒4バルブ。最高出力は204ps／6000rpm、最大トルクは25.0mkg／4500rpm。パフォーマンスは絶対的に良くなったわけではないが、スポーツカーとしての醍醐味が味わえ、それはいかなるロードコンディションにおいても言えることだ。

テクニカルデータ

ボクスターS (1999)

【エンジン】＊形式：水冷水平対向6気筒／ミドシップ ＊ボア×ストローク：93.0×78.0mm ＊総排気量：3179cc ＊最高出力：250ps／6250rpm ＊最大トルク：31.1mkg／4500rpm ＊圧縮比：11.3：1 ＊タイミングシステム：DOHC／4バルブ ＊燃料供給：電子制御インジェクション

【駆動系統】＊駆動方式：RWD ＊クラッチ：乾式単板 ＊変速機：6段 ＊タイア：（前）205/50ZR17 （後）255/40ZR17 ＊ホイール：（前）7J （後）8.5J

【シャシー／ボディ】＊形式：モノコック／ロードスター ＊乗車定員：2名 ＊サスペンション：（前／後）独立 マクファーソン・ストラット／油圧式ダンパー ＊ブレーキ：ベンチレーテッド・ディスク／ABS ＊ステアリング：ラック・ピニオン（パワーアシスト）

【寸法／重量】＊全長×全幅×全高：4320×1780×1290mm ＊ホイールベース：2415mm ＊トレッド：（前）1455mm（後）1514mm ＊車重：1320kg

「ボクスターはどんな挑発に対しても同じように振る舞う。自分で立ち直ってくれるのだ」と、クワトロルオーテは断言している。ドライな路面ではさらに安定感と信頼感が増す。直進安定性をテストするとこの印象が確信に変わる。

3年後、ボクスターに2.7ℓ（2687cc／220ps）バージョンが追加される。さらに3200cc（3179cc）にアップしたボクスターSが登場。250psを発し、6段ギアボックスを搭載するこのモデルは、エンジンフード上のスクリプト、2本のエグゾーストパイプ、17インチ・ホイールを除けば、ベースモデルとさしたる違いはない。

しかし、いったん動きはじめるとダイナミックなパフォーマンスを見せるSはその違いを見せつける。

「コーナーへの進入は非常に速い。素早くコーナーを抜けるのはリミテッド・スリップ・ディファレンシャル（LSD）のおかげだ。ボクスターSはエキスパート・ドライバーにエモーションを与え、同時に高い安全性をどんな状況（雪を含む）でも確保する。これはふつうのドライバーに対してもいえることだ」

2002年、ボクスターがモディファイを受ける。よりパワーアップし（ノーマルは220psから228psへ、Sは252psから260psへ）、リアウィンドーはプラスチックではなく、ガラスになった。

年々良くなる
ボクスターのフェイスリフトは2002年に行なわれた。技術的に新しくなったのはバリオカムの採用。さらにバルブのシステムも改良を受けた。
ボクスターSとノーマルの両方ともパワーアップ（排気量は変更なし）。ほかにはリアのスポイラーが変更され、リアウィンドーとグローブボックスの付いたダッシュボードも新しくなった。

さらにスペシャルに
2004年モデルは226psのボクスター2.7ℓ、260psの3.2ℓで構成される。8年を経て、バンパーなどの細かい点にモディファイを受けている。

私は50歳？

ボクスターは1950年代の伝説のクルマ、550スパイダーの精神を受け継いでいる。スタイルのみならず、敏捷で軽量、なによりドライビングの楽しさが半世紀を隔てる2台の共通項だ。
アニバーサリーを記念して、ポルシェは約2000台（正確には550スパイダーのデビューイヤーにちなみ1953台）のスペシャルバージョン、ボクスター550を用意した。このモデルは、しかし、より現代的なエンジンを搭載し、最高出力266ps／6200rpm、最大トルク31.6mkg／4600rpmを発揮する。ポルシェのピュア“サウンド”を作りあげるために、よりスポーティなエグゾーストが適用されている。
さらに、シフトレバーのストロークを15%短くし、車高をスタンダードモデルより10mm低くした。ブレーキ（フロント318mm／リア299mm）も変更され、キャリパーはアルミ製である。ホイールは18インチを履く。

911カレラ(996) 1997～2001

褒められっぱなし
2000年に向けての911は、技術的には継承した部分も多いし、スタイリングにも同じことがいえるが、全体としてみると前のモデルとは別物になった。熱狂的マニアから996と呼ばれたこのクルマは、これまでの歴史のなかで最も売れた911となるだろう。

911の将来が見えはじめたことで、ポルシェは抱えていた生産性や経済的な問題をクリアしたようだった。ヴェンデリン・ヴィーデキングの社長(CEO)就任、993のサクセスと誕生したばかりのボクスターの評判、これらがツッフェンハウゼンの将来の基盤を固めた。993の後継となる996の話題が出るようになったのは、そんな時期だった。

クワトロルオーテでは1995年10月に最初のデザイン画(信用できるものだった)を、予想されるメカニズムとともに掲載している。それは6気筒のボクサーエンジン、24バルブ、ツインカムシャフト、そしてなにより水冷というものだった。

1997年5月、重要な情報が入ってくる。それは3.4ℓエンジン、300psになるというもので、実際のところは10月号に掲載されたクワトロルオーテのドライビング・インプレッションを待たなければならなかった。

「欠点がない、なんてことだ!」 これが該当記事のタイトルである。ニュー911はまさにこういうクルマだった。

もちろん批評はあった。「ノスタルジックな“ポルシスト”はフロントについて言いたいことがあるだろう。なぜなら、ヘッドライトが廉価版のボクスターと同じだからである。不満を感じるのも無理はない。911は特別でなければならないのだから」

1998年1月、クワトロルオーテは新しい911をより深く分析、「直進安定性はどんな状況で

ビッグ・カレラ
996は993に比べてかなり大きくなっている。全長では105mm長くなり、全幅は1735mmから1795mmとなった。ホイールベースは78mm長くなっている。全高はわずかに高くなった。といっても5mmだが。

伝統のスタイル
911の室内の大きな変化。まず、なにより広くなった。操作類は整然と使いやすく並んでいる。ステアリングはチルトではなく水平方向に調節可能。過去との連携、伝統のスタイルは、ステアリングホイール左側、ダッシュボード上のイグニッションスイッチと、5連メーター。

下：ハードトップ付き911カブリオレ。

も素晴らしく良い」と記し、「コーナーの入口から真ん中くらいまで少しアンダーステアが出るが、その後は良くなり、正確にコーナーから抜けることができる」と述べている。

クワトロルオーテは専用サーキットを設け、スポーツカーのテストに使用した。

「ドライビングはイージー、ブレーキは最高、ステアリングは正確、これが新しい911でまず気づく点だろう。80psほど上をいくイタリ

アンタッチャブルDNA
クラシックな911と唯一、共通しているのは、エンジンがリア搭載、水平対向6気筒であることだ。
下：カレラ4。

アンとの差（フェラーリF355F1との比較）はタイムに表れた。といっても0.8秒の差だったが。平均速度108.6km/hで1分24秒848。だが、コーナーでは逆にポルシェが勝った。ポルシェはふらつきが少なく、0.4秒速かったのだ」

こんな素晴らしいパフォーマンスにもかかわらず、911は“ジャケットとネクタイのポルシェ”と称された。クワトロルオーテはこの点についてこんなふうに記している。「短所

テクニカルデータ

911カレラ（1996）

【エンジン】＊形式：水冷水平対向6気筒／リア縦置き ＊ボア×ストローク：96.0×78.0mm ＊総排気量：3387cc ＊最高出力：300ps／6800rpm ＊最大トルク：35.7mkg／4600rpm ＊圧縮比：11.3：1 ＊タイミングシステム：DOHC／4バルブ ＊燃料供給：電子制御インジェクション

【駆動系統】＊駆動方式：RWD ＊クラッチ：乾式単板 ＊変速機：6段 ＊タイア：（前）205/50ZR17 （後）255/40ZR17 ＊ホイール：（前）7J （後）9J

【シャシー／ボディ】＊形式：モノコック／クーペ ＊乗車定員：4名 ＊サスペンション：（前）独立 マクファーソン・ストラット／コイル，油圧式ダンパー，スタビライザー （後）独立 マルチリンク／コイル，油圧式ダンパー，スタビライザー ＊ブレーキ：ベンチレーテッド・ディスク／ABS ＊ステアリング：ラック・ピニオン（パワーアシスト）

【寸法／重量】＊全長×全幅×全高：4430×1765×1305mm ＊ホイールベース：2350mm ＊トレッド：（前）1455mm （後）1500mm ＊車重：1320kg

アップ、もっとアップ
ポルシェがスポーツカーメーカーであることを忘れたことはない。ユーザーのリクエストに応えて、より空力に富み、馬力も300psから320psにアップするキットを用意した。

テスト
クワトロルオーテは、1998年1月号でカレラ・クーペを、8月号ではカブリオレをそれぞれテストした。1999年1月号はクーペ・キットの番だった。

QUATTRORUOTE ROAD TEST

	クーペ	カブリオレ	クーペ・キット
最高速度（6速使用時）			km/h
	277.039	278.829	286.991
発進加速			
速度（km/h）			時間（秒）
0−60	2.3	2.4	2.2
0−80	3.7	3.9	3.5
0−100	5.1	5.5	4.8
0−120	7.1	7.7	6.1
0−130	8.0	8.8	7.4
0−140	9.1	9.9	8.4
0−160	11.4	12.7	10.6
0−180	14.6	16.2	14.1
0−200	18.2	20.8	17.8
0−220	——	26.8	——
0−230	26.4	——	——
停止−400m	13.2	13.7	12.9
停止−1km	24.0	24.9	23.7
追越加速（6速使用時）			
速度（km/h）			時間（秒）
70−80	2.3	2.5	2.8
70−100	6.8	7.5	8.1
70−120	11.7	12.6	13.4
70−130	14.1	15.3	16.1
70−140	16.6	17.8	18.8
70−160	21.4	23.1	24.4
70−170	23.9	——	——
70−180	26.3	28.6	29.9
70−200	31.6	34.4	——
70−210	34.4	——	——
制動力（ABS）			
初速（km/h）			制動距離（m）
60	13.4	13.4	13.3
80	23.7	23.8	23.7
100	37.1	37.2	37.1
120	53.4	53.6	53.4
140	72.7	73.0	72.6
160	95.0	95.3	94.9
180	——	120.6	120.1
200	148.4	148.9	148.3

がないことが短所になった。993に比べると絶対的にエモーションに欠けている」

ポルシェはいつものようにバリエーションを増やしていく。最初はカブリオレ、並行してクーペ、さらに四輪駆動のカレラ4（ボディはクーペとカブリオレのそれ）。このクルマには初めてオプションでティプトロニックSが用意された。カレラ4は911としては初めてスタビリティをコントロールする電子システムが採用されている。PSM（ポルシェ・スタビリティ・マネジメント）と呼ばれるこのシステムは、ドライビング・ミスや緊急回避による横滑りを立て直し、コントロールを助ける役目を果たす。といっても、いつもどおり、トルク配分はリアにあり、実際、このクルマでも95%が後輪に向けられていた。

トランスミッションはふたつ
カレラ4（左）はクーペとカブリオレからなる。四輪駆動ポルシェとしては初めてオプションでZFの5段オートマチックが用意された。標準はゲトラクの6段マニュアル。

素晴らしい遺産

フェルディナント“フェリー”ポルシェは、彼の最初の“創造物”であるロードスター、タイプ356（写真）を思わせるボクスターが1996年に発表されたときは、とても元気だった。
1997年のフランクフルト・モーターショーで911が登場したとき、フェリーは88歳。ポルシェという自分の名前を持ったこの会社の将来が、バラ色であることがわかったであろう。
1998年3月、911カブリオレのお披露目には姿を現さなかった。彼の人生が幕を下ろしたのは同月27日のことだった。

911ターボ 2000〜

技術のショールーム
2000年から911ターボは技術的に新しくなった（前モデル、993ターボと共通する点はいくつかあったが）。決定的な違いはドライビングがより簡単になったこと。
右：革をふんだんに用いた豪華な室内。

「穏やかになった」2000年の8月号で911ターボの公道インプレッションの記事に、クワトロルオーテはこんなタイトルを付けている。

911ターボに対する希望と、希望できる要素は、つねに難しいクルマであること、骨の折れるクルマであること、そして気難しいクルマであることだった。これはプロのドライバーにとっても言えることだ。

クワトロルオーテの記事はこんなふうに続いている。「より簡単で、柔軟で、安全なクルマになった。つまり広く望まれるクルマになったのだ。日常的に、エクスクルーシヴで特別なクルマに乗る喜びを求めるヒトに」これぞ911ターボのキャラクターだ。ポルシェによれば「完璧な自動車」。こういった自画自賛に影響されることなく、このポルシェがこれまでの911ターボ以上のものを持っていることを知る必要がある。

「ツインターボエンジン、トランスミッション、エアロダイナミクス、エレクトロニクス・システム、ブレーキ、いずれもヴァイザッハのハイレベルの研究の成果で、テクノロジーの最高峰のものばかりだ。3.6ℓモデルにはブースト圧をデジタル制御のエンジンマネジメントシステムで決定するツイン・インタークーラー（後輪の後ろ側に配置）とツインターボを搭載。最大ブースト圧は2700rpmで1.8bar。それ以上の回転では1.65bar」

バルブタイミングを変化させ、さらにバルブリフトを可変させるシステム、バリオカム・プラスが、911としては初めて採用された（前モデルとの比較で低スピード時の燃費が18%向上している）。

オプションでセラミック・コンポジット・

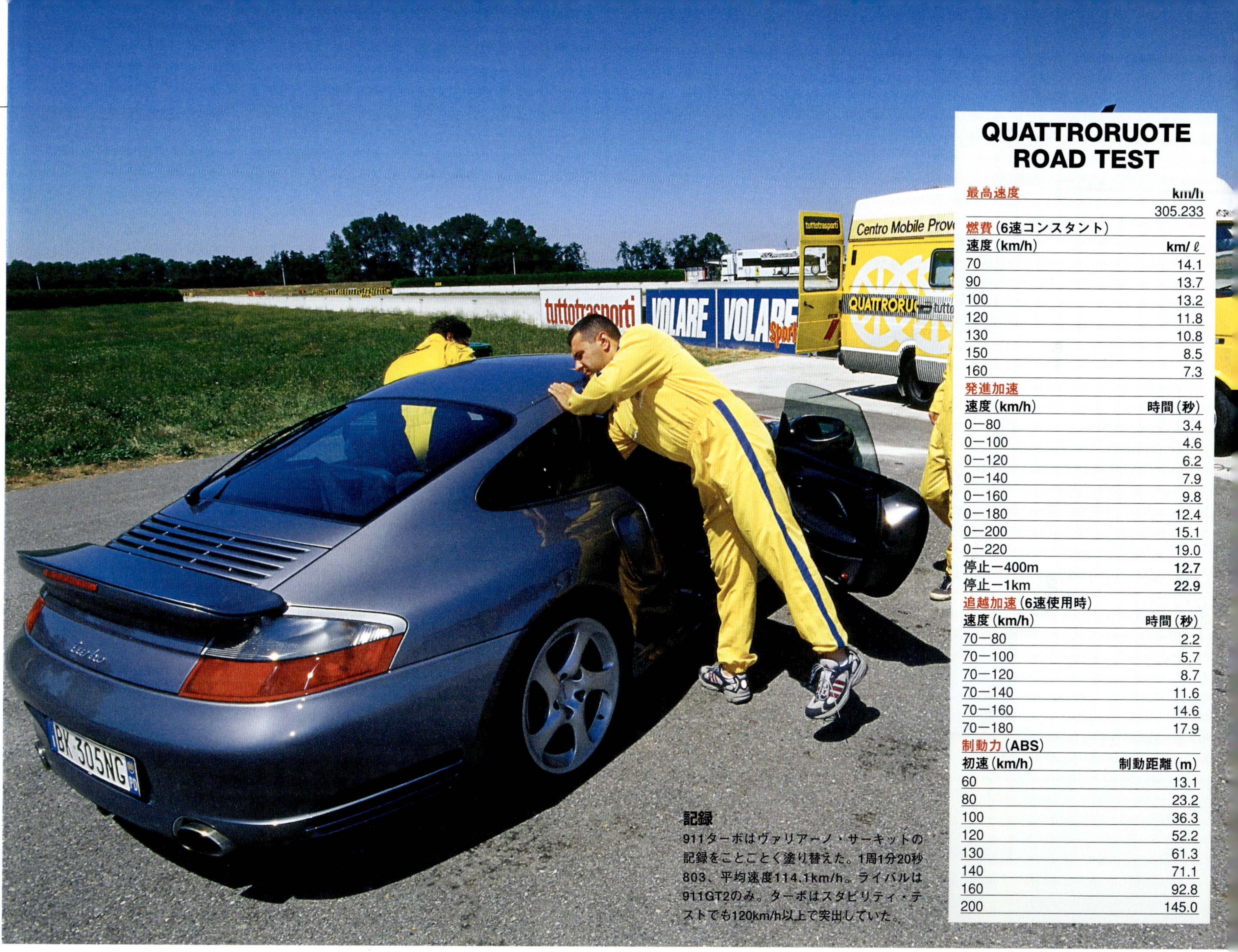

QUATTRORUOTE ROAD TEST

最高速度	km/h
	305.233
燃費（6速コンスタント）	
速度（km/h）	km/ℓ
70	14.1
90	13.7
100	13.2
120	11.8
130	10.8
150	8.5
160	7.3
発進加速	
速度（km/h）	時間（秒）
0―80	3.4
0―100	4.6
0―120	6.2
0―140	7.9
0―160	9.8
0―180	12.4
0―200	15.1
0―220	19.0
停止―400m	12.7
停止―1km	22.9
追越加速（6速使用時）	
速度（km/h）	時間（秒）
70―80	2.2
70―100	5.7
70―120	8.7
70―140	11.6
70―160	14.6
70―180	17.9
制動力（ABS）	
初速（km/h）	制動距離（m）
60	13.1
80	23.2
100	36.3
120	52.2
130	61.3
140	71.1
160	92.8
200	145.0

記録
911ターボはヴァリアーノ・サーキットの記録をことごとく塗り替えた。1周1分20秒803、平均速度114.1km/h。ライバルは911GT2のみ。ターボはスタビリティ・テストでも120km/h以上で突出していた。

伝統は守られた
大きくなったエアインテーク、ワイドになったフェンダー。低くなった車高、911ターボはいつもターボならではのスタイルを備える。大きなリアのウィング、ダックテールは120km/hに達すると自動的に上がる仕組み。

ブレーキが用意されたが、これは通常のものと比較して重さが半分、加えて寒さにも暑さにも強く、複合素材によって高い耐久性を実現している。

4WDシステムは、通常はエンジンパワーの5%をフロントに割り当てるが、リアが路面へのグリップを失った場合は、40%まで上昇する。

911ターボはいわば、「すべてを持つバランスのとれたスポーツカーで、扱いやすく正直なクルマだ」「ノーマルな運転でも、とても楽しい」。

2003年、ポルシェは911ターボ・カブリオレを発表する。最後にターボのオープンモデルを出してから14年が過ぎていたこともあって、カブリオレの復活は世界中のファンを喜ばせた。

このモデルは、性能的にはクーペ・バージョンと同等で420ps、最高速度305km/h、0—100km/hは4.3秒（クーペは4.2秒）である。この数字は6段マニュアルのもので、カブリオレにはクーペ同様、911ターボでは初めてティプトロニックSが用意された。

幌の開閉はオートマチックで、走行中でも50km/hまでなら作動可能だ。開閉に要する時間は、どちらの場合も20秒。車重はクーペより70kg増えている。このためダンパーの見直しを強いられた。

圧倒させる心臓部
911ターボのエンジンは6000rpmで420psを発する。最大トルクは57.1mkg／4600rpm。排気量はジャスト3600cc。

選べるブレーキ
下：911ターボのブレーキシステム。

左：標準装備の赤いキャリパーが特徴。

右：黄色いキャリパーのセラミック・ブレーキはオプション。

テクニカルデータ

911カレラ・ターボ (2000)

【エンジン】＊形式：水冷水平対向6気筒／リア縦置き ＊ボア×ストローク：100.0×76.4mm ＊総排気量：3600cc ＊最高出力：420ps／6000rpm ＊最大トルク：57.1mkg／4600rpm ＊圧縮比：9.4：1 ＊タイミングシステム：DOHC／4バルブ ＊燃料供給：電子制御インジェクション，ツイン・ターボチャージャー

【駆動系統】＊駆動方式：4WD ＊変速機：6段 ＊タイア：（前）225/40ZR18 （後）295/30ZR17 ＊ホイール：（前）8J （後）11J

【シャシー／ボディ】＊形式：モノコック／クーペ ＊乗車定員：4名 ＊サスペンション：（前）独立 マクファーソン・ストラット／コイル，油圧式ダンパー，スタビライザー （後）独立 マルチリンク／コイル，油圧式ダンパー，スタビライザー ＊ブレーキ：ベンチレーテッド・ディスク／ABS／PSM ＊ステアリング：ラック・ピニオン(パワーアシスト)

【寸法／重量】＊全長×全幅×全高：4435×1830×1295mm ＊ホイールベース：2350mm ＊トレッド：（前）1472mm （後）1528mm ＊車重：1590kg

リターン
911ターボ・ファミリーに最後に加わったカブリオレ。14年の歳月を経て、再び仲間入りした。
メカニズムはクーペのもの。車体が強化され、車重の増加は70kgに抑えられた。

モータースポーツ ルマン24時間耐久 1998

50年にわたる勝利
ポルシェは記念の年を911GT1 98（6気筒ツインターボ／3200cc／550ps）のワンツー・フィニッシュで飾った。
6月7日、シュトゥットガルトに16回目の優勝をもたらしたのはローラン・アイエッリ／アラン・マクニッシュ／ステファン・オルテッリ組。

911カレラ(996) 2001〜

喜びのリターン
911のダッシュボードは時代に合わせてモダーンになった。最もはっきりした変化は（空冷の911のような）助手席前のグローブボックスと3本スポークのステアリングホイールだろう。

下：911カブリオレ。2002年モデルから、リアウィンドーがプラスチック製からガラスになった。

2001年9月、911は再び新しくなる——。2世代目996はこの年の5月に公式発表された。

2002年モデルのカレラについて、「シンプルなフェイスリフト以上のことを行なった」とはプレスリリースの言葉だ。新しさは全体に及んでいたが、中心はエンジンだった。

フロントのデザインはライトを中心として911ターボのそれを受け継いでいる。ボクスターのライトを受け継いだ911モデルと差別化する必要があったためで、実際、911が出たとき、ボクスターと似ていることに不満の声が挙がったものだった。値段を考えると不満というより当惑だったかもしれない。

今回、前後のバンパーとホイールも新しくなっているのだが、ポルシェが意味のないモディファイを行なうことはない。いつも機能に対する要求があってこそ行なわれる。たとえば、新しい前後のバンパーは冷却機能を15%高め、スタビリティを25%向上させた。リアに至っては40%の向上をみる。その一方で、Cd値0.3を悪化させることはなかった。新しい軽合金ホイールは重量軽減に貢献し、旧型のそれとの比較で17インチ・ホイールは9.1%、18インチになると21.3%、それぞれ軽くなっている。

カレラのダッシュボードはターボのそれを継承しているが、より豪華になって、インストルメントパネルにはオンボードコンピュー

ターボにウィンク

カレラに、911ターボのフロントライトが採用されたのは、911とボクスターの類似に対して挙がった批判に対する配慮だが、モディファイは冷却システムの向上とパワーアップを、Cd値を落とすことなく行なうことに主眼が置かれた。
新しさの中心はリアのエンジンフードの下に。20psアップしたエンジンは、低回転時にもよく回るようになった。

テクニカルデータ

911カレラ4S (2001)

【エンジン】＊形式：水冷水平対向6気筒／リア縦置き ＊ボア×ストローク：96.0×82.8mm ＊総排気量：3596cc ＊最高出力：320ps／6800rpm ＊最大トルク：37.7mkg／4250rpm ＊圧縮比：11.3：1 ＊タイミングシステム：DOHC／4バルブ ＊燃料供給：電子制御インジェクション

【駆動系統】＊駆動方式：4WD ＊クラッチ：乾式単板 ＊変速機：6段 ＊タイア：(前) 225/40ZR18 (後) 295/30ZR17 ＊ホイール：(前) 8.5J (後) 11J

【シャシー／ボディ】＊形式：モノコック／クーペ ＊乗車定員：4名 ＊サスペンション：(前) 独立 マクファーソン・ストラット／コイル，油圧式ダンパー，スタビライザー (後) 独立 マルチリンク／コイル，油圧式ダンパー，スタビライザー ＊ブレーキ：ベンチレーテッド・ディスク／ABS／PSM ＊ステアリング：ラック・ピニオン(パワーアシスト)

【寸法／重量】＊全長×全幅×全高：4435×1830×1295mm ＊ホイールベース：2350mm ＊トレッド：(前) 1472mm (後) 1528mm ＊車重：1470kg

パーフェクトな組み合わせ

カレラ4Sクーペ(左と下)はカレラ4のメカニズムと911ターボのシャシー(ブレーキ／サスペンション)を組み合わせて誕生した。リアのフェンダーは60mmワイドになり、フードはグラスファイバー製になった。フロントスポイラーの唇の下部分が上がったのは、ターボのリアウィング、ダックテールが果たしていた機能を補うため。

ーターが加わり、グローブボックスが助手席前に備えられた。

ステアリングホイールは3本スポークで、ドリンクホルダーも用意されたが、新しさでいえば最も重要な点は、やはりエンジンであろう。あの、3.6ℓが（964や993と同じ）戻ってきたのだ。

モディファイされた3596ccのボクサーエンジンの、最大出力は320ps／6800rpm、最大トルクは37.7mkg／4250rpm。パフォーマンスが向上し（最高速度は285km/h、0－100km/hはジャスト5.0秒）バリオカム・プラスを装着したことで“フラットシックス”のキャラクターが変化した。

2002年モデルの911カレラのドライビングはとても楽しい。低回転でもエンジンのレスポンスがいいし、高回転になると攻撃的になるからだ。クワトロルオーテはこの年の5月号でこんなふうに記している。

「実際のところ、2種類のエンジンを搭載しているかのようだ。ひとつは優しくて、もうひとつは怒りっぽい」

モディファイはすべてのモデルで行なわれており、カブリオレの場合はプラスチックのリアウィンドーがガラスのそれに取って代わった。

2世代目カレラの登場は異なったバリエーションを紹介する絶好の機会で、996をベースにしたタルガとカレラ4Sがお目見えする。タ

ガラスのクルマ
911タルガはクーペとカブリオレの中間に位置するエレガントなバージョンだ。ガラスのルーフは上に向かって開き、開放面積は0.45m²。911としては初めてリアウィンドーが開くようになった。おかげでリアシートの後ろにあるラゲッジスペースが使いやすくなっている。

40年とは思えない

2003年、911シリーズに新バージョンが加わった。911の40周年を記念して、1963台の限定生産でノーマル・カレラとカレラ4Sをミックスしたバージョンを出したのだ。

下は最新のカブリオレ・バージョン。50km/hまでなら走行中でも開閉可能なシステムは世界初。

QUATTRORUOTE ROAD TEST

	カブリオレ	タルガ	4S
最高速度			km/h
	283.506	284.222	281.145
燃費(6速コンスタント)			
速度(km/h)			km/ℓ
90	12.6	—	—
100	11.9	—	—
120	10.6	—	—
140	9.2	—	—
発進加速			
速度(km/h)			時間(秒)
0—60	2.5	2.5	2.4
0—100	5.4	5.3	5.0
0—120	7.3	7.0	6.8
0—130	—	8.0	7.8
0—150	—	10.0	9.9
0—200	18.1	17.1	17.8
停止—400m	13.6	13.5	13.3
停止—1km	24.4	24.0	23.9
追越加速(6速使用時)			
速度(km/h)			時間(秒)
70—80	2.1	2.3	2.4
70—100	6.1	6.5	6.8
70—120	10.8	11.2	11.5
70—140	15.0	15.5	15.7
制動力(ABS)			
初速(km/h)			制動距離(m)
60	13.0	13.4	12.6
100	36.2	37.3	35.0
130	61.2	63.1	59.2
160	92.7	95.6	89.7
180	117.3	120.9	113.5
200	144.8	149.3	140.1

ルガはクーペ（カブリオレではない）ベースのモデルで、ガラス製の開閉可能のトップを持ち、911では初めてリアウィンドーも開閉できるようになった（すでに1963年の911で検討されたが、生産に移されることはなかった）。カレラ4Sはワイドボディにカレラのノンターボエンジンを搭載し、ブレーキ、ホイールはターボから流用している。ノーマルのカレラ4と比べると、装備類が豪華だ。

2003年6月16日、カレラ4Sカブリオレがデビュー。4Sクーペのオープンモデルで、ボディが強化されたが、パワーウェイトレシオに影響を与えることはなかった。その数値は5kg/psである。

幌の開け閉めは完全に自動となり、50km/hまでなら走行中でも開閉可能となった。

素晴らしいエアロダイナミクス
911カレラ4Sカブリオレは3種類の変化が楽しめる。アルミのハードトップ（標準）、キャンバストップ、そしてオープン。ボディは911のオープンモデルより強化されている。

GT3／GT2／GT3 RS 1999～

911の別の顔
左下：フェイスはカレラとはまったく異なる911GT3の最初のシリーズ（360ps）。
右下：911ターボを軽量化し（100kg軽い）、レース用に仕立てた911GT2。リア駆動だが、駆動をコントロールするエレクトロニック・システムは搭載されていない。
右上：911GT2の室内。

911カレラの発表からほどなくして、ポルシェは“ワイルド”なバージョンの用意を始める。最初の超スポーツ・バージョン（コンペティションカーがベース）は1999年のGT3だった。

数字でその性能を見せるために、ポルシェはクルマをニュルブルクリングに持ち込んだ。2度、ラリーのワールドチャンピオンに輝いたヴァルター・レアルがステアリングを握り、911GT3は8分の壁を打ち破ったのだ。正確には7分52秒で、その要因にはドライバーの腕もあるだろう。しかし、なによりクルマにパワーがある、この事実は否定できない。

ルマンで勝利した911GT1をベースにしたエンジンの最高出力は360ps／6700rpm、最大トルクは37.7mkg／5000rpmである。リミットは7800rpmだったが、コンペティション用ということもあって9000rpmまで回すことができた。

GT3はカレラとはまったく異なる。重心は30mm低く、アンチロールバー

よりパワフルに

2002年、GT2（左）とGT3がエンジンを中心にモディファイを受けた。GT2は462psから483psに、GT3は360psから381psになった。性能が向上したリアウィング。

下：911GT3の室内。

洗練された機能
911GT2は、新しくなったホイールと、2.8kg軽量化したカーボン製のリアウィング（イラスト）が特徴。
左下：911GT3のブレーキ冷却システム。GT3はリアのスポイラーも新しくなった。エアロダイナミクスを悪化させることなく、揚力を減らす。

は調節可能、ギアボックスはギア比をすぐに変えられるよう設計されていた。高いパフォーマンス（最高速度302km/h／0−100km/h＝4.8秒）はより強力なブレーキシステムの装着を義務づけ、ディスクは330mmとなっている。

2001年、911GT2が生まれる。最高出力462ps／6200rpmで、後輪駆動。2002年には911GT3のセカンド・ジェネレーションが登場する。よりパワフル（381ps／7400rpm）に、トルクも増えた（39.3mkg／5000rpm）。最高速度は306km/hを超え、0−100km/hは4.5秒。911GT2もモディファイを受け、483psとなる。最大トルクは65.3mkg／3500rpmである。

2003年、ポルシェはRSの埃を払って軽くし、GT3に採用する。パワーウェイトレシオは3.6kg/ps。911GT3RSは伝説の2台、1973年カレラRSと1984年の911SC RSを再び結合させたようなものだった。

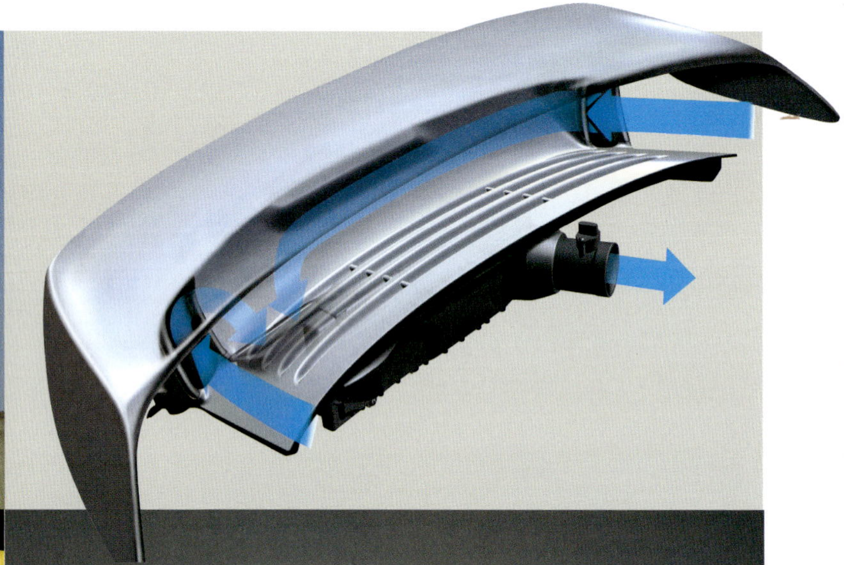

カーボン
GT3RSには車重軽減のため、カーボンが多用されている。

右：バケットシートとスウェードが使われたステアリングホイール。

レースのためにダイエット
コンペティション用に設計され、公道用にホモロゲートされたGT3RSは、GT3の軽量バージョンで50kgほど軽くなっている。エンジン・キャラクターは911GT3のそれと同じ。

テクニカルデータ

911GT3RS (2003)

【エンジン】＊形式：水冷水平対向6気筒／リア縦置き ＊ボア×ストローク：100.0×76.4mm ＊総排気量：3600cc ＊最高出力：381ps／7400rpm ＊最大トルク：39.3mkg／5000rpm ＊圧縮比：11.7：1 ＊タイミングシステム：DOHC／4バルブ ＊燃料供給：電子制御インジェクション

【駆動系統】＊駆動方式：RWD ＊変速機：6段 ＊タイア：（前）235/40ZR18 （後）295/30ZR18 ＊ホイール：（前）8.5J（後）11J

【シャシー／ボディ】＊形式：モノコック／クーペ ＊乗車定員：4名 ＊サスペンション：（前）独立 マクファーソン・ストラット／コイル，油圧式ダンパー，スタビライザー （後）独立 マルチリンク／コイル，油圧式ダンパー，スタビライザー ＊ブレーキ：ベンチレーテッド・ディスク／ABS ＊ステアリング：ラック・ピニオン（パワーアシスト）

【寸法／重量】＊全長×全幅×全高：4435×1770×1275mm ＊ホイールベース：2355mm ＊トレッド：（前）1485mm（後）1495mm ＊車重：1360kg

【性能】＊最高速度：306km/h ＊発進加速（0−100km/h）：4.5秒

カイエン 2002~

ヴォルカニックSUV
ポルシェ初めてのスポーツ・ユーティリティが『クワトロルオーテ』に登場したのは、2002年のパリ・サロンのデビューの翌年5月のことだった。ライバルとのテストを行なったが、エトナの斜面ではカイエン・ターボはレンジローバーやグランドチェロキー同様、ロッククライマーの動きを見せた。

こんな質問が不意に浮かぶ。

「これまで作ってきたもの、名声を築いたものからこんなに遠いものを作るなんて、何がポルシェの背中を押したのだろうか」

答えは簡単ではないはずだ。ひとつでもないだろう。重要な決断をするときはいつもそうであるように。企業としての目論見、会社の利益、実現されなかったプロジェクトの復活——。911とボクスターのみだったシリーズを増やす必要があるとするとどうだろう。モデルが増えれば工場のラインをもっと有効に活用できるし、3年ごとのフェイスリフトも活発になるのではないか。

それなら、どうしてスポーツ・ユーティリティでなければならなかったのか。SUV市場はスポーツカーのそれの8倍だから。“スポーツカー”ばかりにすべてを背負わせるのはあまりに重いから。スポーツと冒険のレース、何度も参加したパリ-ダカールはポルシェにとって遊びではなかったから。そして——、1971年という昔の話だが、フェリーは四輪駆動車のアイデアを出した。レンジローバーのようなスタイルに、車高を変えられるシステムを持ったクルマ。このアイデアがあったから。

つまり、理由と理由づけには事欠かないのだ。ただ、欠けているのはパートナーだった。メルセデスとの交渉は不首尾に終わり、VWの代表

高い、
いや、すごく高い

カイエン・ターボの値段は15万5000ユーロ以上という天文学的数字になる。標準装備の室内は(ダッシュボードを含めて)すべて革。オーディオはBOSE、スピーカーは13個。カーナビゲーション・システム搭載。ギアボックスは6段のティプトロニックS。車高は6段階に調節可能。ロゴ以外にSと区別するのはイノックスの4本マフラー。

テクニカルデータ
カイエン・ターボ (2002)

【エンジン】＊形式：水冷V型8気筒／フロント縦置き ＊ボア×ストローク：93.0×83.0mm ＊総排気量：4511cc ＊最高出力：450ps／6000rpm ＊最大トルク：63.2mkg／2250rpm ＊圧縮比：9.5：1 ＊タイミングシステム：DOHC／4バルブ ＊燃料供給：電子制御マルチポイント・インジェクション，ボッシュモトロニックME 7.1.1，インタークーラー付きツイン・ターボチャージャー

【駆動系統】＊駆動方式：フルタイム4WD ＊変速機：6段／自動 副変速機付き ＊タイア：255/55R18 109Y ＊ホイール：8J

【シャシー／ボディ】＊形式：モノコック／5ドア・ステーションワゴン ＊乗車定員：5名 ＊サスペンション：(前)独立 ダブルウィッシュボーン／エアスプリング，電子制御ダンパー，スタビライザー (後)独立 マルチリンク／エアスプリング，電子制御ダンパー，スタビライザー ＊ブレーキ：ベンチレーテッド・ディスク／ABS ＊ステアリング：ラック・ピニオン(パワーアシスト)

【寸法／重量】＊全長×全幅×全高：4786×1928×1699mm ＊ホイールベース：2855mm ＊トレッド：(前)1647mm (後)1662mm ＊車重：2355kg

でポルシェの重役であるフェルディナント・ピエヒ（フェリーの甥）とのそれは、いわば義務的選択であった。

1998年6月3日、両社のパートナーシップが公式なものとなる。ポルシェとフォルクスワーゲンは2台のSUVを開発する。両車は多くの共通部分（四輪駆動／サスペンション）を持つが、キャラクターはまったく異なる——。1999年9月17日、もうひとつの公式発表がなされる。それはSUV E1（コードナンバー）は新設された工

なんたるターボ！
カイエン・ターボのV型8気筒。馬力は450ps、最大トルクは63.2mkg／2250rpm。

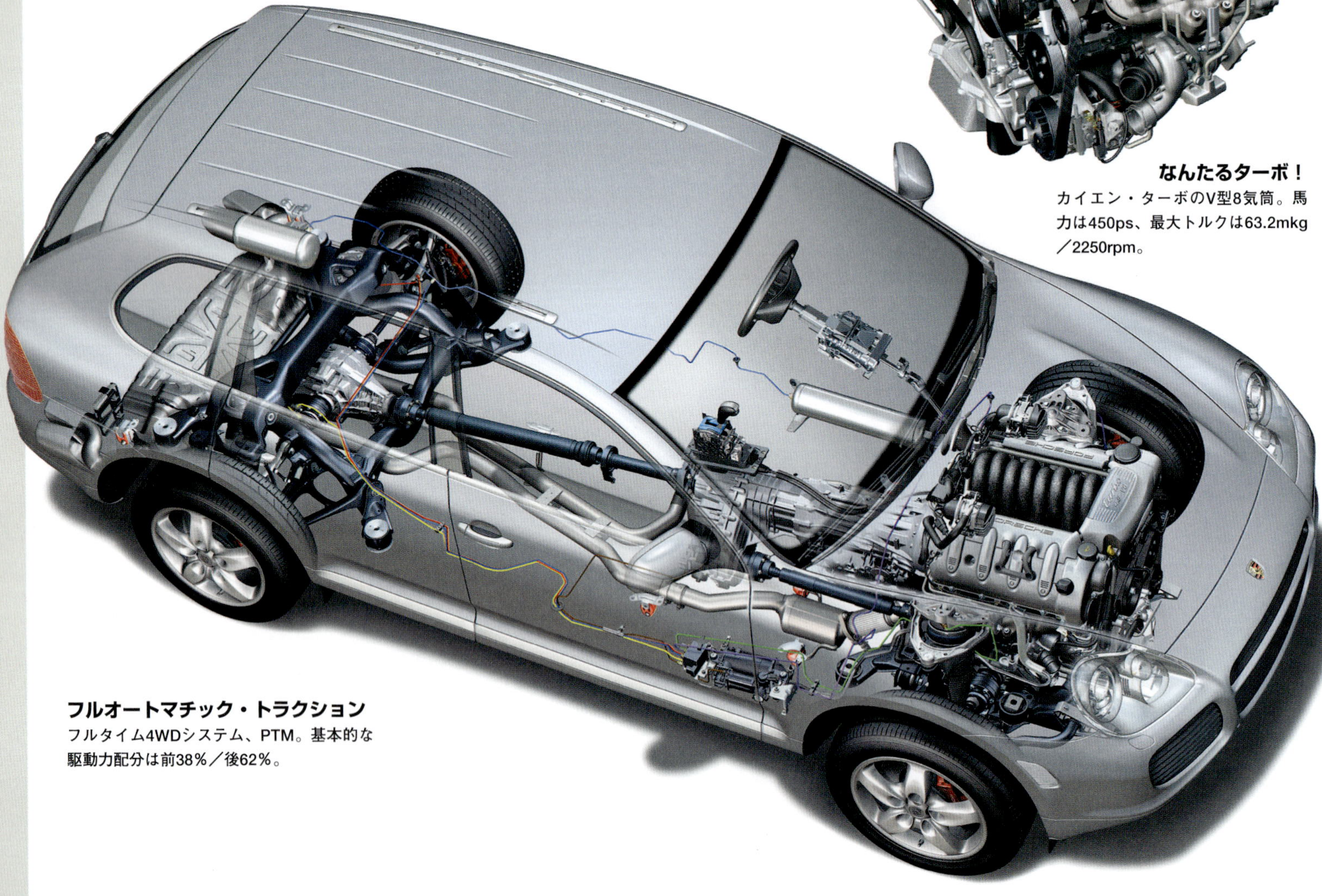

フルオートマチック・トラクション
フルタイム4WDシステム、PTM。基本的な駆動力配分は前38%／後62%。

場のひとつ、ライプチヒで生産されるというものだった。

2002年8月20日、カイエンと命名された最初のSUVポルシェが、ゲルハルト・シュレーダー首相の手によって完成する（もちろん彼はシンボルとして最後の作業に加わったわけだが）。この年のパリ・サロンでデビューを果たしたのち、12月のことだが、3台のカイエンが、サルデーニャ島でディーラーとメディア（スペインの『ヘレツ・デ・ラ・フロンテラ』）に紹介された。

クワトロルオーテは同月、このクルマについて、誉め言葉を惜しまず、こう記している。曰く――、「グラントゥリズモの速さ、旗艦のような豪華さ、スポーツ・ユーティリティとしての実用性を持つ。これまで運転したポルシェのなかでもっとも驚いた1台だった」。

それでも、カイエンはキーを差し込む場所、いつものステアリングの左側の位置から、トルクの素晴らしさまで、何から何までまぎれもなくポルシェだった。

アンダルシアで、500人以上のイタリア人がオーダーしているターボのステアリングを握る。最高出力は450ps、最大トルクは63.2mkg。

クワトロルオーテはこう記す。「この、“ユーティリティというより、よりスポーティなSUV”をスペックで判断することにあまり意味はない。実際、（他のポルシェと混同しないようにこのクルマの横顔を象った）キーを差し込むと、

分かれたリアウィンドー
カイエンのトランク容量は540ℓと公表されているが、クワトロルオーテの測定では480ℓ。車重を考慮して、車高は低く設定されている。地上高60cm。細かいところではリアウィンドーが単独で開く。

下：ブレーキのディテール。まさにポルシェ・スタイルである。

Sで初めて

ターボはライバルとの比較テストに挑戦（『クワトロルオーテ』2003年5月号）。Sは（同年10月号）VWのトゥアレグと比較。ただし、このときはいくつかのテストに限って掲載されたため、フルテストという意味ではこの表が初めての掲載になる。

QUATTRORUOTE ROAD TEST

	S	ターボ
最高速度		**km/h**
	236.119	267.094
燃費（Dレンジ・コンスタント）		
速度（km/h）		**km/ℓ**
70	10.5	10.7
90	9.0	9.4
100	8.4	8.7
120	7.1	7.2
130	6.5	6.6
140	6.0	5.9
150	5.5	5.3
160	5.1	4.8
発進加速		
速度（km/h）		**時間（秒）**
0—60	3.6	3.0
0—80	5.3	4.3
0—100	7.6	5.9
0—120	10.3	7.9
0—130	11.6	9.0
0—150	15.6	11.5
0—160	17.9	13.0
0—180	23.7	16.5
0—200	——	21.1
停止—400m	**15.4**	**14.0**
停止—1km	**27.9**	**25.3**
越加速（Dレンジ使用時）		
速度（km/h）		**時間（秒）**
70—80	1.4	0.7
70—100	3.8	2.8
70—120	6.4	4.2
70—140	9.7	6.5
制動力（ABS）		
初速（km/h）		**制動距離（m）**
60	13.2	13.7
80	23.5	24.3
100	36.7	38.0
120	52.9	54.7
130	62.1	64.2
150	82.7	85.4
160	94.2	97.2
180	119.1	123.0
200	147.1	151.9

何かベルベットのような感触がする」

「エンジン音はほとんど聞こえない」 2003年5月号のインプッションでもこのことが確認されている。「240km/h以下までスムーズながらも力強く加速する。サスペンションは柔らかく設定されている」

(カイエンが後輪駆動のようなパフォーマンスを見せる)ドライな路面を抜けて、テストの見せ場、エトナの斜面に入ると、SUVポルシェは万全な装備を持ったロッククライマーになる。

クワトロルオーテは続ける。「よほど繊細な右足を持たないかぎり、あり余るパワーをエレクトロニック・システムなしにコントロールするのは難しい。なぜなら駆動のコントロールに失敗すると、タイアが穴を掘り、あっという間に厄介な状況に陥るからだ」

豪華なターボ・バージョン(あの天文学的な値段のレンジローバーV8ヴォーグより高い)は素晴らしく良い。スポーティでオフロードにふさわしく仕上がっている。いっぽう、Sは(値段も含めて)より穏やかなバージョンだ。

2003年10月、いとこにあたるVWのトゥアレグとの比較テストを行なったが、カイエンのほうがアスファルトでは安定しており、よりスポーティでブレーキも優秀だった。このクルマの素晴らしさが、またひとつ確認されたのだった。

2004年V6登場

2003年のカイエンの販売台数(2万603台)は満足のいく数字だったが、ポルシェの目標台数(3万台)には達しなかった。そのため、カイエンはバリエーションを増やすことになる。エンジンは、ポルシェとしては初めてVW-アウディのV6を搭載。250ps、31.6mkg。ギアボックスはマニュアル、値段は5万ユーロと安価だが、ソフィスティケートされたシステム、ESP(ポルシェはPSMと呼ぶ)とPTM(ノーマルでの駆動力配分は前後38:62だが、凍った路面などでは前後それぞれ100%まで可変する)を装着する。

カレラGT 2003〜

夢のマテリアル
熱狂的なマニアのための50万ユーロのトップカー、カレラGTは、2003年終わりにヨーロッパに登場。イタリアには25台がやってきた。スポーティ・バイ・ポルシェには素晴らしい素材がふんだんに使われている。マグネシウム、カーボン、室内を埋める革。キーを差し込む場所は伝統に従い、いつもどおりの左側。

クルマがある。“クルマ”もある。でもクルマもある。“エモーション”がある(そう、この場合のエモーションも“　”付きだ)。走るために生まれたクルマがある。これぞスポーツカーの神髄。ポルシェがある。優越感を感じさせる“ポルシェ”もある。考えただけで膝がガクガクするクルマ。ステアリングを握ったとたん、典型的なクラシックな美しさばかりが心を打つのではないとすぐにわかる。背中の震えを感じるために運転する必要がないクルマ(自分のガレージに収めるために46万9000ユーロ。これだけで充分震えがくるわけだから)。

言ってしまおう。あるクルマがある。カレラGTだ。(ルマン24時間耐久レースへの回帰として着想され、カイエン・プロジェクトを優先するために犠牲になった)LMP2000から再生した不死鳥は、限界知らずのテクノロジーの集結であり、ポルシェというブランドのシンボルだ。

2000年終わり、スーパーカー・ブームが訪れた。ポルシェがこれを無視するわけにはいかない──。

このプロジェクトに予算というものは存在しなかった。経済的な予算もなければ、配慮しなければならないこともなかった。ただひとつ、守られなければならなかったのは、ポルシェは勝つためにこの闘いに挑むということだけだった。時間すら問題ではなかったのだ。デザイナーがスーパー・スポーツカーのトップにどんなスタイルを与えればいいのか、アイデアに悩んでるって？ カリフォルニアのそよ風がヒントになるんじゃないか？ こうしてロサンジェルスのポルシェ・エンジニアリ

2分割するトップ
初めて標準で、ボディのみならずシャシーにも新素材（カーボンファイバー／航空機用樹脂）が採用された。カーボンファイバーは取り外し可能のルーフにも使用されている。重量は3kg強で、ラゲッジコンパートメントに収まる。ホイールは前19インチ、後ろ20インチでマグネシウム製。いっぽう、ライトカバーは通常のプレキシグラス製。

ほとんどF1
右：エアロダイナミクスを悪化させないよう、スプリングと傾斜したダンパーを用いたリアサスペンションのサポートはカーボン製。エンジンとギアもスペクタクル。オイルパンがなくなり、コンパクトなセラミック製クラッチが採用されている。

ング・サービスがスタイリングについて協力することになった。インターコンチネンタル・ブレインストーミングが出した結果に、すべての人間が口をぽっかり開けることになった。

2000年8月、ネバダの自動車関係者が路上でプロトタイプを目にすることになった。ステアリングを握っていたのは、現在はシュトゥットガルトのコンサルタントを務める、かつてのラリー・チャンピオン、ヴァルター・レアルだ。砂漠へは寄らず、クルマはパリ・サロンへと向かう。カレラGTが観衆の心臓を

2台のための工場

ポルシェは“メイド・イン・ジャーマニー”を放棄したのか？答えはノー。そんなことはできない。カイエンの生産工場を探す際、ヴェンデリン・ヴィーデキング社長はドイツ国外の候補地をことごとく拒否した。最終的に旧東ドイツ、ライプチヒに決定したのは、ドイツ製へのこだわりと生産コストを考えてのことだ。2000年2月7日、工場建設スタート。2年半後、1億3500万ユーロをかけた、90ヘクタールにも及ぶ工場が完成する。ここには2階が36m²、最上階が50m²の、円錐を逆にしたような形のクライアントセンターも用意され、中にはレストランや会議室が収まった。テストコースは長さ3750m、幅12m。コース内にはモンザのレズモからニュルブルクリングのヴィードルSまで、有名なコーナーがシミュレーションされている。完成は2002年8月20日。300人の工員が働き、年間2万5000台のカイエンと、そして2003年秋からはカレラGTの生産もここでスタートしている。カレラの生産にはおよそ70人のスペシャリストが採用された。

高鳴らせ、あんぐり口を開けたままにさせたのは2度目のことだった。

しかし、驚愕は必ずしも黒字をもたらすわけではない。2001年6月、ポルシェ社社長のヴェンデリン・ヴィーデキングはこう強調している。

「黒字を見込まずにクルマを作ることを誰も強制することはできない。いったい他に誰が何十万ユーロもかかるこのセグメントのクルマを作るだろうか」

舞い込んだ100件ほどの予約（このうち40件ほどがイタリア人からのものだった）に勇気づけられるように、2002年1月、再び社長はこう宣言する。「カレラGTは3年で1500台のみの生産になるだろう」（3年というのはスペシャリストによるアセンブリーにかかる時間で、コンポーネンツの製作時間ではない）

最初のクルマは2003年の終わりに完成予定だった。この間、資産家の熱狂的マニアたちはカレラGTを語り尽くした。曰く、「スピードのモニュメント」「最強のエモーション」「隠された名作」。

2003年4月、クワトロルオーテはこう記している。

「50もの特許技術を搭載した、芸術と技術の集結。カーボンファイバーをふんだんに使った612psの5.7 ℓ V10」

エサジェレート

センセーショナルなフォーム、恐るべきディテール、限界を追求するスピリット。カレラGTはこういうクルマだ。

左：リアスポイラー。一定のスピードに達すると自動的に上がる。300km/hを超えてもコントロールを失うことはない。

楽しいオープン

ミヒャエル・ホルシュナーによって設計されたスーパー・スポーツカー、最高のドライビング・プレジャーを与えるカレラGTは、オープンにはならないはずだったが、社長がオープンを決定した。

『クワトロルオーテ』7月号で強調しているように、スーパースポーツの性能をスペック（最高出力612ps／最大トルク60.2mkg／0ー100km/h＝3.9秒／0ー200km/h＝9.9秒／最高速度330 km/h）だけで判断することは無意味だ。全体の質で見なければならない。だったら素材で見てみようか。

ボディはイタリアで生産されたカーボンファイバー（軽量で耐久性に富み、強度が高く、ひねりに強くフレキシブル）の洪水である。前後はスペシャル・イノックス（耐久性に富み、変形しにくい）が採用された。ブレーキはカーボンとセラミック製のPCCB、クラッチも同様の材質が使用されたPCCCで、耐久性はレース用のカーボン・ディスクを持つクラッチの10倍だ。マグネシウム製のホイール（合金製より20％軽いが、値段は倍）に、燃料タンクは新技術の溶接アルミ製——、これがカレラGTなのだ。

2003年11月、憧れることにはうんざりした。「強烈なセンセーションを味わうドライバーを挑発し」、「エキスパートの腕」に従い、「強く猛獣のよう」に加速し、「おそるべき瞬発力」を与えるクルマに乗ってみようではないか。

5月号では「カレラGTは風がV10の唸りを室内に運び込む低速時にすらエモーションを感じるクルマだ」と記されている。

その前はこんなふうだった。「肩ごしに聞こえる怒号が心臓をふたつに割る。そして乱暴に現実を思い知らせる」——つまり夢。

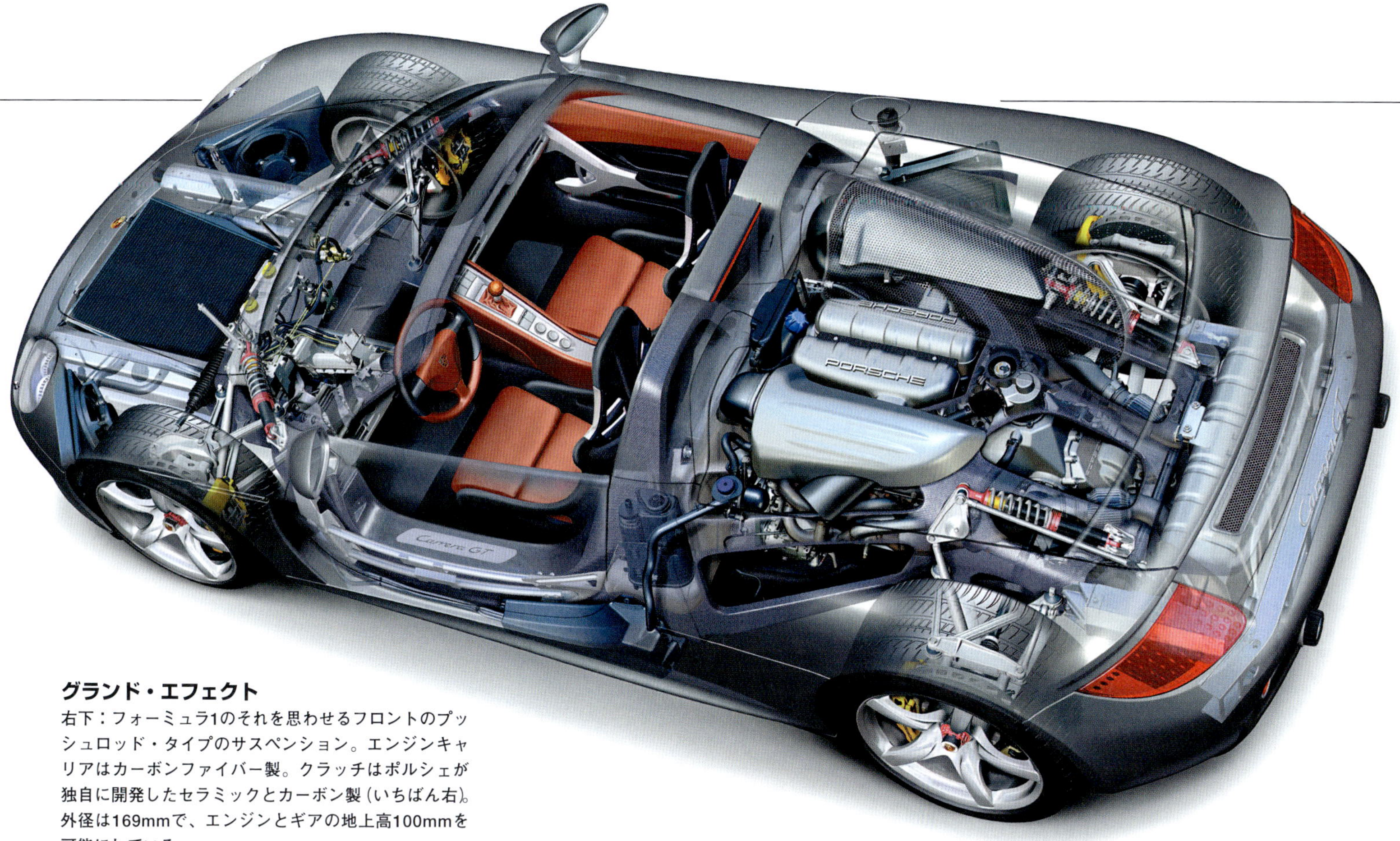

グランド・エフェクト

右下：フォーミュラ1のそれを思わせるフロントのプッシュロッド・タイプのサスペンション。エンジンキャリアはカーボンファイバー製。クラッチはポルシェが独自に開発したセラミックとカーボン製（いちばん右）。外径は169mmで、エンジンとギアの地上高100mmを可能にしている。

テクニカルデータ

カレラGT（2003）

【エンジン】＊形式：水冷68度V型10気筒／ミドシップ ＊ボア×ストローク：98.0×76.0mm ＊総排気量：5733cc ＊最高出力612ps／8000rpm ＊最大トルク60.2mkg／5750rpm ＊圧縮比：12.0：1 ＊タイミングシステム：DOHC／4バルブ／バリオカム ＊燃料供給：ボッシュ7.1.1

【駆動系統】＊駆動形式：RWD ＊クラッチ：PCCC ＊変速機：6段／手動 ＊タイア：（前）265/35ZR19 （後）335/30ZR20 ＊ホイール：（前）9.5J×19 （後）12.5J×20

【シャシー／ボディ】＊形式：コンポージット・マテリアル・モノコック／2ドア・ロードスター ＊乗車定員：2名 ＊サスペンション：（前／後）プッシュロッド，ガス封入式ダンパー ＊ブレーキ：ベンチレーテッド・ディスクPCCB／ABS ＊ステアリング：ラック・ピニオン（パワーアシスト）

【寸法／重量】＊全長×全幅×全高：4613×1921×1166mm ＊ホイールベース：2730mm ＊トレッド：（前）1612mm （後）1587mm ＊車重：1380kg

【性能】＊最高速度：330km/h ＊発進加速（0−100km/h）：3.9秒 ＊発進加速（0−200km/h）：9.9秒

歴代モデルのテストデータ クワトロルオーテのテストより引用

モデル	掲載号（年／月）	最高速度（km/h）	回転数 最高速度時	回転数 130km/h時	加速（秒） 0−60km/h	0−80km/h	0−100km/h	0−120km/h	0−140km/h	0−160km/h	0−180km/h	400m	1km	トップギア使用時の追越加速（秒） 70−80km/h	70−100km/h	70−120km/h	70−140km/h
356 1600 Coupe	58／9	164.383	—	—	7.0	11.6	17.5	25.0	—	—	—	35.4	—	—	—	—	—
356 1600 Super 90 Cabriolet	62／2	178.217	—	—	4.5	7.2	11.2	16.6	24.0	—	—	—	32.9	—	—	—	—
911 2.0 Sportomatic L	68／1	206.867	—	—	4.1	6.1	9.0	12.0	17.0	22.6	—	—	29.9	—	—	—	—
914 1.7	70／8	172.877	—	—	5.0	8.0	12.0	17.5	—	26.0	—	18.1	33.7	—	—	—	—
914/6 2.0	71／4	203.654	—	—	4.8	5.1	8.0	12.0	15.5	22.0	—	15.8	29.3	—	—	—	—
911 S 2.4	72／5	232.011	—	—	3.1	4.8	6.6	9.2	11.8	15.7	20.6	—	26.8	—	—	—	—
924 2.0	78／7	197.150	—	—	3.8	6.0	9.4	13.4	18.2	—	—	16.3	30.3	—	—	—	—
928 4.5	78／12	218.970	—	—	—	—	—	—	—	—	—	15.2	28.0	—	—	—	—
924 Turbo 2.0	79／5	227.848	—	—	3.6	5.6	7.8	10.5	14.4	—	—	15.4	27.3	—	—	—	—
911 Turbo 3.3	80／9	—	—	—	2.1	3.1	4.8	6.3	8.5	11.7	15.1	13.0	24.3	13.4	18.2	22.2	25.7
911 SC 3.0 Cabriolet	83／6	235.950	—	—	2.5	4.1	5.6	7.9	10.4	13.8	17.9	13.9	25.5	2.6	7.7	13.1	18.8
944 S 2.5	86／11	232.227	—	—	3.8	5.5	7.9	10.9	14.2	—	—	15.6	28.4	3.0	9.0	15.5	22.7
944 Turbo 2.5	86／11	244.397	—	—	3.1	4.6	6.3	8.8	11.5	—	—	14.5	26.3	3.1	8.0	11.9	15.9
928 S4 5.0	87／4	270.000	—	—	—	4.0	5.4	7.4	9.5	12.2	15.5	13.5	24.5	1.8	5.6	9.5	13.2
911 Carrera 3.2	87／8	243.923	—	—	2.7	4.4	6.0	8.4	11.0	14.4	18.8	14.2	25.9	2.4	7.4	12.8	18.5
959 2.8	87／11	317.000	—	—	2.1	3.0	3.7	5.3	6.5	8.5	10.5	11.8	21.6	—	—	—	—
911 Turbo 3.3 Cabriolet	88／4	257.500	—	—	2.6	3.9	5.3	6.9	9.3	11.9	15.0	13.4	24.4	—	8.1	12.5	16.1
944 Turbo 2.5	88／12	254.946	—	—	2.8	4.5	6.0	8.5	10.8	14.0	17.9	14.2	25.7	—	9.3	13.4	17.0
911 Carrera 4 3.6	89／6	261.656	—	—	2.6	4.2	5.7	8.1	10.3	13.5	17.2	13.9	25.2	2.2	6.7	11.5	16.5
911 Carrera 2 3.6	90／1	260.004	—	—	2.6	4.2	5.6	7.7	9.9	12.9	—	13.7	24.9	—	6.4	10.8	15.5
911 Carrera 2 3.6 Targa	90／8	260.004	—	—	2.6	4.2	5.6	7.7	9.9	12.9	16.3	13.8	25.0	2.1	6.4	10.8	15.5
928 GT 5.0	90／9	274.512	—	—	2.1	4.6	6.1	8.2	10.3	13.3	16.7	14.2	25.3	2.1	6.1	10.1	13.9
911 3.2 Speedster Turbo Look	91／6	241.521	—	—	—	4.6	6.2	8.7	11.3	15.1	19.6	14.4	26.3	2.5	7.7	13.0	18.5
911 Turbo 3.3	92／2	271.400	—	—	2.5	—	5.1	6.5	9.1	11.3	15.1	13.2	24.0	3.3	9.5	14.4	18.5
911 Carrera 3.6	94／2	264.650	6550	—	2.4	—	5.0	7.0	9.0	11.7	15.2	13.2	24.3	—	8.0	13.4	18.9
911 Turbo 3.6	95／6	289.750	6450	2800	2.1	3.2	4.3	6.0	7.6	9.8	12.2	12.4	22.7	2.7	7.5	11.6	14.9
Boxster 2.5	97／2	238.951	6400	3500	3.0	4.5	6.6	9.0	11.9	16.4	21.4	14.7	26.9	2.9	8.7	14.8	21.4
911 Carrera Coupe	98／1	277.039	6500	3150	2.3	3.7	5.1	7.1	9.1	11.4	14.6	13.2	24.0	2.3	6.8	11.7	16.6
911 Carrera Cabriolet	98／8	278.829	6500	3150	2.4	3.9	5.5	7.7	9.9	12.7	16.2	13.7	24.9	2.5	7.5	12.6	17.8
Boxster 2.5	99／2	—	6400	3500	3.2	4.8	6.9	9.4	12.5	16.8	21.9	14.9	27.1	—	—	—	—
911 Carrera Coupe Kit	99／1	286.991	7000	3200	2.2	3.5	4.8	6.1	8.4	10.6	14.1	12.9	23.7	2.8	8.1	13.4	18.8
Boxster S 3.2	99／12	260.934	6550	3250	2.8	4.5	6.0	8.7	11.1	14.5	18.5	14.2	25.9	2.6	7.5	12.7	18.3
Boxster 2.7	00／8	248.718	6200	3300	3.1	4.8	6.6	9.2	12.2	15.5	20.6	14.7	26.7	2.6	7.9	13.3	19.4
Boxster S 3.2 (MY 03)	—	264.096	6600	3200	2.8	4.2	5.8	8.5	11.0	14.0	17.9	14.2	25.7	2.5	7.6	12.8	18.1
911 Turbo	00／8	305.233	6700	3000	2.1	3.4	4.6	6.2	7.9	9.8	12.4	12.7	22.9	2.2	5.7	8.7	11.6
911 Carrera Cabriolet	02／1	283.506	7000	3200	2.5	3.9	5.4	7.3	9.2	11.4	14.6	13.6	24.4	2.1	6.1	10.8	15.0
911 Carrera 4S	02／5	281.145	6950	3200	2.4	3.5	5.0	6.8	8.8	11.2	14.0	13.3	23.9	2.4	6.8	11.5	15.7
911 Carrera Targa	02／5	284.222	7000	3200	2.5	3.7	5.3	7.0	8.9	11.1	14.0	13.5	24.0	2.3	6.5	11.2	15.5
911 GT2	02／5	314.985	6750	2800	2.2	3.1	4.3	5.6	6.9	8.9	10.6	12.3	22.0	2.2	5.7	8.7	11.3
Cayenne Turbo 4.5	03／5	267.094	6100	2950	3.0	4.3	5.9	7.9	10.2	13.0	16.5	14.0	25.3	0.7	2.8	4.2	6.5
Cayenne S 4.5 Tiptronic	03／10	236.119	4800	2700	3.6	5.3	7.6	10.3	13.5	17.9	23.7	15.4	27.9	1.4	3.8	6.4	9.7

70−160km/h	70−180km/h	制動力(m) 60km/h	80km/h	100km/h	120km/h	140km/h	160km/h	燃費――トップギアにてコンスタント(km/ℓ) 60km/h	80km/h	100km/h	120km/h	140km/h	160km/h	180km/h	200km/h	車重(kg)	モデル
—	—	10.0	24.0	42.0	61.0	86.0	—	14.7	14.3	13.9	12.9	11.2	—	—	—	—	356 1600 Coupe
—	—	—	—	55.0	80.0	109.0	143.0	14.1	14.1	11.2	9.0	8.5	7.4	6.2	—	990	356 1600 Super 90 Cabriolet
—	—	21.0	34.0	51.0	72.5	100.0	132.0	10.8	10.5	9.8	8.4	7.4	7.0	6.2	4.7	—	911 2.0 Sportomatic L
—	—	17.6	30.8	47.3	66.9	91.8	121.6	18.1	17.2	14.7	12.6	10.9	8.4	—	—	—	914 1.7
—	—	21.0	36.1	56.1	81.0	110.9	143.9	14.7	14.5	12.3	10.6	9.3	8.4	7.6	6.6	—	914/6 2.0
—	—	16.0	29.8	46.3	67.0	90.5	117.2	—	11.2	9.6	8.6	7.6	6.5	5.6	4.9	—	911 S 2.4
—	—	—	—	—	—	—	—	16.7	15.4	13.8	12.0	10.3	—	—	—	—	924 2.0
—	—	—	—	—	—	—	—	11.3	10.7	9.0	7.8	6.7	—	—	—	—	928 4.5
—	—	—	—	—	—	—	—	18.8	15.3	12.8	10.7	9.2	7.8	—	—	—	924 Turbo 2.0
29.6	—	14.0	25.1	43.5	65.1	101.4	—	9.6	9.2	8.3	7.2	6.0	5.2	—	—	—	911 Turbo 3.3
24.0	29.7	16.9	30.1	47.0	67.8	92.2	—	—	12.8	11.4	10.0	8.6	—	—	—	1270	911 SC 3.0 Cabriolet
—	—	16.2	28.8	45.0	64.8	88.2	—	16.6	15.0	13.2	11.5	9.8	—	—	—	1390	944 S 2.5
—	—	14.7*	26.2*	47.0*	59.0*	80.3*	—	17.3	15.3	13.1	11.1	9.4	—	—	—	1470	944 Turbo 2.5
17.2	21.7	—	26.1*	40.8*	58.7*	79.9*	104.4*	—	—	—	—	—	—	—	—	1580	928 S4 5.0
32.0	—	15.1	26.9	42.0	60.5	82.4	—	14.8	13.4	11.8	10.1	8.6	—	5.9	—	1350	911 Carrera 3.2
—	—	—	—	—	—	—	—	—	—	—	—	—	—	—	—	—	959 2.8
19.8	24.0	15.5	27.5	43.1	61.9	84.3	110.1	12.3	10.6	9.2	8.1	6.9	5.8	4.8	—	1460	911 Turbo 3.3 Cabriolet
21.6	26.5	14.0*	24.9*	39.0*	56.1*	76.4*	99.8*	—	14.3	12.1	10.2	8.6	7.3	6.2	—	1490	944 Turbo 2.5
21.5	26.6	13.4*	23.8*	37.1*	53.5*	72.8*	95.1*	13.2	12.4	11.3	10.0	8.5	7.2	5.9	—	1555	911 Carrera 4 3.6
20.1	30.1	14.0*	24.8*	38.8*	55.9*	76.1*	99.3*	14.3	13.1	11.7	10.1	—	7.2	—	—	1473	911 Carrera 2 3.6
20.1	24.9	—	24.8*	38.8*	55.9*	76.1*	99.3*	—	—	—	—	—	—	—	—	1473	911 Carrera 2 3.6 Targa
18.3	21.3	14.4*	25.7*	40.1*	57.7*	78.6*	102.6*	10.8	10.3	9.5	8.5	7.3	6.3	5.3	—	1690	928 GT 5.0
24.6	31.0	15.3	27.3	42.6	61.4	83.5	109.1	14.5	13.1	11.6	10.0	8.5	7.2	6.0	—	1369	911 3.2 Speedster Turbo Look
22.6	27.0	14.0*	24.8*	38.8*	55.9*	76.1*	99.3*	—	10.8	9.4	8.1	7.0	6.0	5.2	—	1604	911 Turbo 3.3
24.9	31.1	—	—	37.1*	53.4*	72.7*	—	—	—	—	—	—	—	—	—	1472	911 Carrera 3.6
18.5	21.8	13.0*	23.2*	36.2*	52.1*	70.9*	92.6*	18.7	12.5	—	9.3	7.9	6.9	—	—	1595	911 Turbo 3.6
28.7	—	14.1*	25.0*	38.9*	56.2*	76.2*	99.5*	17.3	15.3	13.3	11.4	—	9.0	—	—	1368	Boxster 2.5
21.4	26.3	13.4*	23.7*	37.1*	53.4*	72.7*	95.0*	—	—	—	—	—	—	—	—	1502	911 Carrera Coupe
23.1	28.6	13.4*	23.8*	37.2*	53.6*	73.0*	95.3*	—	—	—	—	—	—	—	—	1588	911 Carrera Cabriolet
28.7	—	12.6*	22.4*	34.9*	50.3*	68.5*	89.4*	—	—	—	—	—	—	—	—	1398	Boxster 2.5
24.4	29.9	13.3*	23.7*	37.1*	53.4*	72.6*	94.9*	—	—	—	—	—	—	—	—	1508	911 Carrera Coup Kit
24.4	—	13.7*	24.7*	37.9*	54.6*	74.4*	97.1*	16.8	14.0	11.9	10.3	9.1	8.1	—	—	1453	Boxster S 3.2
26.5	—	13.9*	24.7*	38.6*	55.6*	75.7*	98.9*	—	14.8	12.9	11.3	10.0	8.8	—	—	1408	Boxster 2.7
24.2	30.9	12.6*	22.4*	35.0*	50.3*	68.5*	89.5*	15.4	14.2	12.7	11.1	9.5	8.1	—	—	1480	Boxster S 3.2 (MY 03)
14.6	17.9	13.1*	23.2*	36.3*	52.2*	71.1*	92.8*	14.2	14.0	13.2	11.8	9.7	7.3	—	—	1670	911 Turbo
19.1	23.4	13.0*	23.2*	36.2*	52.1*	70.9*	92.7*	14.2	13.2	11.9	10.6	9.2	7.9	—	—	1604	911 Carrera Cabriolet
19.9	24.1	12.6*	22.4*	35.0*	50.5*	68.7*	89.7*	—	—	—	—	—	—	—	—	1641	911 Carrera 4S
19.6	23.8	13.4*	23.9*	37.3*	53.7*	73.2*	95.6*	—	—	—	—	—	—	—	—	1593	911 Carrera Targa
13.8	16.4	12.2*	22.2*	33.9*	50.0*	68.0*	88.8*	—	—	—	—	—	—	—	—	1636	911 GT2
9.4	12.9	13.7*	24.3*	38.0*	54.7*	74.4*	97.2*	11.3	10.1	8.7	7.2	5.9	4.8	—	—	2590	Cayenne Turbo 4.5
14.0	19.6	13.2*	23.5*	36.7*	52.9*	72.1*	94.2*	11.2	9.8	8.4	7.1	6.0	5.1	—	—	2550	Cayenne S 4.5 Tiptronic

*＝ABS付き

参考文献

- Jörg Austen／Sigmund Walter共著
  2003年Giorgio Nada Editore刊
  『**Porsche 911 40 anni di evoluzione tecnica - 1963-2003**』
- Jügen Barth／Lothar Boschen共著
  1987年Edizioni della Libreria dell'Automobile刊
  『**Porsche. Un successo**』
- Paul Frère著
  1994年Giorgio Nada Editore刊
  Porsche 911, il mito di Stoccarda』
- Mark S. Haab著
  1995年Beeman Jorgnesen刊
  『**The 1974-1989 911, 912E & 930 Porsche**』
- Dr. B. Johnson著
  1988年Beeman Jorgnesen刊
  『**The 911 & 912 Porsche**』
- Karl Ludvigsen著
  2003年Bentley Publishers刊
  『**Porsche：Excellence was Expected**』
- Peter Morgan著　1988年Bay View Books刊
  『**Original Porsche 911**』
- Stefano Pasini著　2001年Automobilia刊
  『**Porsche 911**』
- Patrick C. Paternie著
  2000年MBI Publishing Company刊
  『**Porsche 911 Red book 1965-1999**』

クワトロルオーテHP：www.quattroruote.it

パッション・オート『ポルシェ：サラブレッドの伝説《でんせつ》』

2005年3月10日　初版第1刷印刷
2005年3月25日　初版第1刷発行
QUATTRORUOTE（Editoriale Domus社）編
翻訳者＝松本 葉
監修者＝川上 完、塚原 久（CG）
編集協力＝森田 隆、入夏知洋、日比谷一雄
発行者＝渡邊隆男
発行所＝株式会社二玄社
〒101-8419　東京都千代田区神田神保町2-2
営業部：〒113-0021　東京都文京区本駒込6-2-1　電話03-5395-0511
印刷＝図書印刷株式会社
製本＝株式会社丸山製本所
ISBN4-544-04097-3　Printed in Japan
＊定価は函に表示してあります。

＊本著はEditriale Domus刊『QUATTRORUOTE PASSIONE AUTO：PORSCHE』の日本語版です。

COORDINAMENTO：Manuela Piscini
ART DIRECTOR：Vanda Calcaterra
TESTI：Carlo Di Giusto - Manuela Piscini
CONSULENZA STORICA：Giuliano Tolentino
DISEGNI E FOTOGRAFIE：Archivio Quattroruote - Archivio Ruoteclassiche
Archivio Porsche AG - Archivio Porsche Italia
REALIZZAZIONE GRAFICA：Luciana Monzani（coordinamento） - Gino Napoli（caporedattore）
EDITORIALE DOMUS S.p.A.
Via Gianni Mazzocchi 1/3 20089 Rozzano（MI）
e-mail editorialedomus@edidomus.it　http://www.edidomus.it